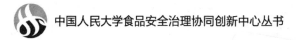

中国人民大学食品安全治理协同创新中心丛书

食品安全监管与合规：
理论、规范与案例

Food Safety Regulation and Compliance:
theories, norms and cases

胡锦光　孙娟娟◎主编

中国海关出版社有限公司

中国·北京

图书在版编目（CIP）数据

食品安全监管与合规：理论、规范与案例/胡锦光，孙娟娟主编．—北京：中国海关出版社有限公司，2021.6
ISBN 978-7-5175-0503-7

Ⅰ.①食… Ⅱ.①胡… ②孙… Ⅲ.①食品安全—监管制度—研究—中国 Ⅳ.①TS201.6

中国版本图书馆 CIP 数据核字（2021）第 121238 号

食品安全监管与合规：理论、规范与案例
SHIPIN ANQUAN JIANGUAN YU HEGUI：LILUN、GUIFAN YU ANLI

作　　者：胡锦光　孙娟娟
策　　划：普　娜
责任编辑：李　多
出版发行：中国海关出版社有限公司

社　　址：北京市朝阳区东四环南路甲 1 号　　　邮政编码：100023
网　　址：www.hgcbs.com.cn
编 辑 部：01065194242-7529（电话）
发 行 部：01065194238/4246/5616（电话）
社办书店：01065195616（电话）
　　　　　https://weidian.com/？userid=319526934（网址）
印　　刷：北京中献拓方科技发展有限公司　　　经　　销：新华书店
开　　本：889mm×1194mm　1/32
印　　张：8.25　　　　　　　　　　　　　　　字　　数：220 千字
版　　次：2021 年 6 月第 1 版
印　　次：2022 年 3 月第 2 次印刷
书　　号：ISBN　978-7-5175-0503-7
定　　价：42.00 元

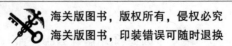

序

　　食品安全是重大的民生问题。党的十八大以来，以习近平同志为核心的党中央坚持以人民为中心的发展思想，从党和国家事业发展全局，提出"健康中国"发展战略，把食品安全工作放在"五位一体"总体布局和"四个全面"战略布局中统筹谋划部署，在制度、体制、机制、监管等方面采取了一系列重大举措，提出"生命至上"的理念。这些理念和举措有利于推动食品安全国家战略，有利于推进食品安全法治化。无论国外的先进经验还是我国的实践发展，都体现出解决食品安全首先需要与食品安全相关的各个主体都尽职履责，积极担当，依法行使权力、履行义务和职责。通过治理解决食品安全问题是世界各国、各地区共同面临的问题。对权利和义务的分配，也说明了法治是食品安全治理的前提和基础。

　　食品安全治理中的政府与市场的关系，经典的表述是：食品安全是"产"出来的，也是"管"出来的。比较而言，最重要的还是"产"出来的。因此，当保证食品安全必须坚持社会共治时，最重要的主体是食品企业。《中华人民共和国食品安全法》第三章、第四章对生产经营企业各方面的责任做了全面规定，要求企业建立食品安全管理制度及培训制度、自查制度等。据此，企业有义务遵照法律规定，严格执行这些制度，以落实企业的主体责任。与此同时，负责监管的政府也要严格按照法律要求来行使自己的权力。当企业不能自律以保证食品安全的时候，监管者要依法进行监管，包括贯彻"四个最严"中的"最严厉的处罚"，新修订的《中华人民共和国食品安全法实施条例》确立了"罚款到人"制度，也意在体现这一要求。作为条例修订的一大亮点，增加"罚款到人"，加大了处罚力度，在企业负责人对企业所实施的食品安全违法行为负有责任的情况下，除对企业进行处罚外，通过增加对企业负责人的罚款，一方面是个人承担法律责任的表现，另一方面达到惩戒的效果，使食品生产经营企业负责人能够真正履行自己的法定职责。因此，无论是履行法定义务还是避免违法带来的经济、声誉损失，食品生产经营者和相关责任人都应当重视企业内部的合规管理。

同时，食品安全法治也为融汇不同学科的知识、经验和技术，预防和降低治理风险提供了基本途径。从食品安全法制到食品安全法治，法律人致力于食品安全治理不仅着眼于法律学科在解决食品安全监管问题中的智力支持，也基于食品安全学科交叉和产学研政一体化的实践诉求，推动复合型人才的培养。例如，在中国人民大学食品安全治理协同创新中心主办、山姆·沃尔顿食品安全法教席承办的食品安全工作坊上，定期围绕食品安全法治中的热点议题开展面向学界、实务界的跨学科、跨领域研讨。针对生产经营者主体责任这一议题，工作坊也曾多次组织多方交流。以《中华人民共和国食品安全法实施条例》有关"责任到人"制度为例，研讨建议指出：就合规管理人员而言，当他们了解了岗位说明，意味着他们明白自己的食品安全保障责任，明白其所获得的报酬与所担的责任风险是相对应的。但是，除了这一权利的收益，在利益和问题导向下的食品企业中，合规管理人员也需要相应的权力来确保决策和执行的合规性。例如，在出现分歧的时候，在守住食品安全的底线、严格依照法律办事方面，合规相关责任人具有一票否决的权力。

工作坊的实践表明：基于领域分享和研讨互动的多方参与为食品安全利益相关者提供了一个增进了解、促进共识的平台。实践中，"产学研政"等一体化发展已经被视为教学、研究和成果应用的创新之举，且学者、监管者、被监管者之间的交流也日益增多。由此，食品安全社会共治的一个优化路径意味着理论研究更接地气、政府监管更具回应性，企业也要基于食品安全的非竞争性开展更多合作，以消弭专业交流的鸿沟。正是基于多年来的跨领域合作经验和实践观察，《食品安全监管与合规：理论、规范与案例》一书延续了"食品安全等于行为"的理念，通过跃然纸上的企业管理操作流程和行为规范，为跨学科、跨领域的交流和"产学研政"的合作实践提供一个良好的交流模板。

当聚焦食品行业，探索监管性合规（regulatory compliance）的良好实践时，经验的共享首先面向食品生产经营者，尤其是食品企业。作为保证食品安全的首要责任人，食品生产经营者面临着日趋严格的法律和技术规范要求，这些要求从环境、设备、人员等不同的方面来规范企业的内部管理过程，以期实现政府监管效果。因此，食品生产经营者的合规管理需要将外部的强制规范要求转变为内部行为规范，以履行法定义务。也就是说，监管性合规意味着生产经营者需要通过内部制度建设来转换外部的法定义务和技术要求，以便在满足食品安全这一底线要求的同时去追求质量、创新等高于食品安全的持续发展目标。组建合规团队、开展合规管理或者安排合规项目等工作日益成为实现这一目标的关键内容。鉴于此，本书通过聚焦良好实践和案例汇编，分享业内一些企业在生产经营合规管理中的具体做法和经验。这既包括如何将外部的法律规范要求转变为内部的制度要求并覆盖研发、生产、经营等食品

3

全生命周期中的各个环节，也包括如何利用外部的决策参与机制来反馈自身在生产经营合规管理中遇到的挑战，以促进法律和技术规范的回应性和可操作性。

除了面向生产经营者的经验分享，有关食品安全合规管理的实践同样可以面向监管者，以向其打开企业内部管理的"黑箱"，促进基于管理的监管（management based regulation）转型。当下的政府监管正处于从事前监管向事中、事后监管的转型中，合作式执法等公私互动的可能性也需要监管者了解被监管者通过内部管理所展现的合规意愿、合规能力，进而为监管者量体裁衣式的监管决策提供事实依据。此外，对于学者，合规管理的实践案例也为他们理论联系实践提供了了解窗口。例如，政府监管（government regulation）的理论研究如何通过规范作用于被监管者，尤其是，对被监管者的合规性监管是否实现了理论上所谓的后设监管（meta-regulation）和合作监管（co-regulation）。由此，基于实践的决策咨询可更好地发挥专家的智库作用。

中国人民大学食品安全治理协同创新中心执行主任、
中国人民大学法学院教授
2021 年 5 月

目　录

1

引言：监管与合规：
从理论到实践

针对政府就市场主体行为采取的干预措施，一项经典的理论研究是"Regulation"。因跟进的学术领域不同，如管理学、经济学、法学等，其常见的翻译有管制、管控、规制、监管等。其中，译为"监管"一词便利了和实务部门的沟通。但是，不同于"监督管理"的简称，"Regulation"译作"监管"时指向一系列有关政府干预市场主体行为的理论，即政府为何、如何干预市场主体行为，以应对市场失灵和由此而来的社会问题。如学者马英娟在《监管的概念：国际视野与中国话语》中所分析的：中国语境中的"监管"，既要区别于本国计划经济时代的"管理"或"监督管理"的概念，体现现代"监管"的本质内涵；又要注意到中国与其他国家国情的不同，体现中国的法律文化和问题意识。对中国当下而言，仍应以政府监管为中心，聚焦微观层面的经济活动及其产生的社会问题，在完善命令控制型监管方式的同时，注重经济激励、柔性引导和公私合作。鉴于此，本书也采用"监管"一译，并同时兼顾理论研究和域内外实践所需。

1.1 食品安全的监管研究与理论指引

纵观我国政府改革的一般研究和食品安全领域的具体研究，监管的理论发展并非学者的"独乐乐"。借助实践调查、政策咨询等研究方式和成果输出，监管的理论研究不仅为我国行政改革和具体制度建设提供了规范性论证，而且也为评价和改进政府监管提供了分析框架。如学者宋华琳在《迈向规制与治理的法律前沿》中的观点：不同于行政法学研究中的静态性规范研究，监管研究需动态地审视监管法律规范与政治、经济、社会、文化因素的互动；不能孤立地审视某种行为方式，而是要动态地审视监管过程，关注监管规则的制定、监督和执行，关注监管法的制定过程、制度安排、实施效果，发展出相应的监管学习机制，对已有的监管法律规范予以评估和修正。此外，在《论政府规制中的合作治理》一文中，宋华琳也鉴于食品药品这一具体的领域研究指出：政府监管法的一个要点在于更为关注实体行政领域，关注法律实施的合理性，关注在法治框架下如何更为有效地监管市场和社会。可见，监管理论研究也通过具体领域的实践观察来提出新理论，并不断拓展应用。

在《食品安全的国际规制与法律保障》中，学者涂永前指出食品安全已成为诸多科技和法律著述的核心议题，其中主要涉及消费者保护、生物科技与转基因食品的安全性、风险预防原则的适用、产品的可追溯性、质量标准的设置、生态恐怖主义威胁的应对、自由贸易与限制措施的合法性、公共卫生风险的国际合作与治理，等等。与此同时，国际社会对保障食品安全的关注度不断高涨。在此背景下，有必要强调法律在保障全球食品安全问题上的极端重要性，思考国际社会如何在法律框架下对食品安全进行国际监管与治理。而且，除了法学研究，学者刘鹏也在《中国食品安全监管——基于体制变迁与绩效评估的实证研究》中提到了食品安全的多学科研究视角，即随着食品安全成为热点议题，食品安全监管研究的多学科汇聚现象包括：食品科学等自然学科对于食品安全标准、检测技术及其应用的研究；法学针对食品安全的立法过程、执法和司法实践的研究来论述完善组织建设、监管责任的重要性；公共管理学结合实证性研究对监管体系变迁的关注。

从理论指引实践到实践丰富理论，政府监管和自我监管（self-regulation）业已成为研究监管的两个基点，并在由此形成的监管光谱上探索目标的优先性和平衡度、主体的多元化与合作性、工具的多样化与组合性等。其中，食品安全监管的变迁首先表明政府监管不是一成不变的，在深入了解食品安全问题成因、自身资源限制以及市场配置资源的作用后，政府监管也在不断作出契合实际所需的转型。例如，学者胡颖廉在《新时代国家食品安全战略：起点、构想和任务》中指出食品是一种特殊商品，其遵循一般市场规律，同时兼具市场秩序和公共安全双重属性。市场的基本关系是供给和需求，理想状态是形成优胜劣汰的质量发展市场机制。由于信息不对称等因素，食品市场存在较严重的失灵现象，需要监管加以纠正。作为市场的供给侧，食品产业成为监管的对象和基础。然而以许可、检查、处罚为主要政策工具的线性监管模式，难以适应新时代食品产业大规模、高质量、差异化等特征，基于福特主义的监管在面临中国的广大非标准化的环境下不可避免地失灵。只有超越监管看安全，以产管并重为理念重构市场嵌入型食品安全监管体系，才能实现从监管到治理的范式转变，不断提高人民群众安全感、获得感、幸福感。这就构成了"食品—市场—监管—产业—治理"的逻辑关联。对于如何转变，学者徐国冲、霍龙霞在《食品安全合作监管的生产逻辑》中分析了 2000~2017 年的政策文本，指出对食品安全问题性质的认识深化促进了政府监管向社会共治的转型，其间，政府主导的一元治理不断走向精细化，但始终面临能力限度问题。为此，在放权赋能的背景下，加强合作监管已经成为推进食品安全监管现代化的关键环节。

对于生产经营者的自我监管，学者高秦伟在《私人主体与食品安全标准制定》一文中指出私人主体也有开展自我监管的意愿，一是因为现代经济社会发展遭遇高度的风险，政府无法全面防范风险，私人主体愿意通过自律的方式监管风险；二是因为私人主体自愿制定、实施标准的行为会为他们赢得更好的声誉和公众信任；三是以自我监管来参与政府监管时，可以降低合规成本并提高效率。因此，企业等生产经营者会通过内部控制来保障生产经营活动有序进行。作为一项管理活动，内部控制在企业防控风险、符合外部监管等需求中不断发展，并通过和计划、执行等管理过程的整合来保证企业实现其管理目标。对此，学者樊行健、肖光红在《关于企业内部控制本质与概念的理论反思》中将企业内部控制定义为：企业董事会、管理层和其他员工在一定的控制环境下，通过履行牵制与约束、防护与引导、监督与影响、衡量与评价等职能，旨在实行企业报告的可靠性、法律的遵循性、经营的效率性、资产的安全性和发展的战略性等目标而发生的一项企业管理活动。具体到食品行业，一项重要的内部控制便是通过质量管理体系来确保符合安全的底线要求并实现差异化的质量提升。从生产经营者的角度来说，张鹏等实务专家在《食品行业质量管理模型研究》一文中就分析了食品质量和食品安全的差异，认为食品安全是食品质量的基础和前提，而不是最高要求，在确保食品安全的前提下，才能去追求食品品质的提升，增强食品的市场竞争力。其中，对于质量管理（quality management，QM），包括基于客户和市场要求的新产品、新技术、新流程的研究和发展（research and development，R&D），基于过程防控风险的质量保证（quality assurance，QA）和通过实验室检测来确保产品达标的质量控制（quality control，QC）这三个基本模块。当从传统重视质量控制的纺锤形质量管理模型转向更侧重研发和质量保证的新型哑铃形质量管理模型时，生产者和监管者都应重视过程管理，如危害分析和关键控制点体系（hazard analysis and critical control point，HACCP）所提倡的理念，以提高安全保障水平。

鉴于前述的政府监管和自我监管，即便这些概念和所指依旧没有统一的定论，但实践表现和理论总结都表明了两者之间的关系不是二择其一或者相互替代，而是协同合作。对此，学者杨柄霖在《后设监管的中国探索：以落实生产经营单位安全生产主体责任为例》中介绍了政府监管和自我监管的一种合作机制。无论称之为强制型自我监管还是被译为"元监管"的"后设监管"，政府监管和自我监管已然构成一种双层监管机制，第一层是自我监管，第二层是对自我监管的监管，从而保障企业自我监管的有效实施。当企业、第三方机构和政府都可以成为第二层的监管者时，后设监管特指政府对企业自我监管的监管。食品安全领域内的监管发展印证了这一兴起于西方的后设监管已在我国实践中实际存在，且该理论研究不仅契合了行业内构建质量管理体系的实践，也日益成为政府构建食品安全监管制度的原则性要求和具体规范要求。例如，随着食品安全法的制定和修订，监管主体的多元论、监管工具的组合论及食品生产经营者的自我监管和主体责任已经成为既有的制度规范。

1.2 食品安全的规范发展与合规管理

从食品卫生到食品安全，我国于 2009 年出台了第一部《中华人民共和国食品安全法》（以下简称《食品安全法》），2015 年和 2018 年先后进行了修订。根据这一基本法，保障食品安全以预防为主，以风险管理、全程监管、社会共治为工作原则，并践行食品生产经营者是食品安全第一责任人的理念。近年来，国家市场监督管理总局等相关监管部门通过规章配套细化落实了《食品安全法》的要求，制度建设覆盖生产经营许可、产品注册备案、监督检查、抽样检验、案件查处等各方面。在这些制度中，《食品安全法》规定食品安全标准是强制执行的标准。除食品安全标准外，不得制定其他食品强制性标准。在 2018 年 8 月《对十二届全国人大五次会议第 5222 号建议的答复》中，国家卫生健康委员会指出其牵头将分散在 15个部门（行业）、近 5000 项食用农产品质量安全标准、食品卫生标准、食品质量标准及行业标准进行清理，重点解决标准重复、交叉和矛盾的问题。在清理整合的基础上形成的食品安全标准体系中，涉及食品安全指标 2 万余项，主要指标与发达国家基本相当，确保覆盖人民群众日常消费的所有食品品种。截至 2019 年 8 月，食品安全国家标准目录共 1263 项。

2019 年 12 月 1 日实施的《中华人民共和国食品安全法实施条例》（以下简称《食品安全法实施条例》）进一步细化了

食品生产经营者的主体责任。实务专家毛伟旗在《强化问题导向　坚持改革创新　进一步完善食品安全法律制度》一文中也指出应落实"处罚到人"，抓住主体责任这个"牛鼻子"，因为企业主要负责人负责企业管理制度、人员调配、投资方向、资金拨付等方面的重大决策，实质上影响甚至左右企业的行为。因此，《食品安全法实施条例》进一步要求，食品生产经营企业的主要负责人对本企业的食品安全工作全面负责，建立并落实本企业的食品安全责任制，加强供货者管理、进货查验和出厂检验、生产经营过程控制、食品安全自查等工作。这就要求食品生产经营企业及其主要负责人要结合实际设立食品质量安全管理岗位，配备专业技术人员，严格执行法律法规、标准规范等要求，确保生产经营过程持续合规，确保产品符合食品安全标准。风险高的大型食品企业要率先建立和实施危害分析和关键控制点体系。保健食品生产经营者要严格落实质量安全主体责任，加强全面质量管理，规范生产行为，确保产品功能声称真实。相应地，"罚款到人"的法律责任将既往关于"处罚到人"的要求统一进行了规定，明确有故意实施违法行为、违法行为性质恶劣、违法行为造成严重后果等情形之一，除依照《食品安全法》的规定给予单位处罚外，要对单位的法定代表人、主要负责人、直接负责的主管人员和其他直接责任人员处以其上一年度从本单位取得收入的 1 倍以上 10 倍以下罚款。对前述人员处以高额罚款，令其感受到切肤之痛，使其不敢、不能、不想以身试法，有效减少、防止、杜绝违法行为的发生。其中，直接负责的主管人员是在违法行为中起决定、批准、授意、纵容、指挥作用的主管人员。其他直接责任人员是具体实施违法行为并起较大作用的人员，既可以是单位的生产经营管理人员，也可以是单位的职工。

此外，当《食品安全法》创立企业食品安全管理人员的概念后，由于实践中往往将企业主要负责人的职责与食品安全管理人员的职责相混淆，《食品安全法实施条例》进而明确食品安全管理人员要协助企业主要负责人做好食品安全管理工作。食品安全管理人员要掌握与其岗位相适应的食品安全相关知识，具备食品安全管理能力，食品质量安全管理岗位人员的法规知识抽查考核合格率要达到90%以上。食品生产经营者应当依法对食品安全责任落实情况、食品安全状况进行自查评价。对生产经营条件不符合食品安全要求的，要立即采取整改措施；发现存在食品安全风险的，应当立即停止生产经营活动，并及时报告属地监管部门。要主动监测其上市产品质量安全状况，对存在隐患的，要及时采取风险控制措施。食品生产企业自查报告率要达到90%以上。从事储存、运输有温度、湿度等特殊要求的食品，应当具备相应的设备设施并保持有效运行。

　　综上，食品生产经营者对其生产经营食品的安全负责，并应当依照法律要求和食品安全标准从事生产经营活动，保证食品安全，诚信自律，对社会和公众负责，接受社会监督，承担社会责任。对于法定要求，合规管理首先意味着生产经营者遵守法定要求，包括法律规定和强制性标准要求。对此，学者陈瑞华在《行政执法和解与企业合规》一文中介绍了企业合规管理体系，最初属于企业内部为督促员工遵守法律法规而确立的治理方式，后来成为政府部门监督企业依法经营的一种法律制度，其意义在于当国家为督促和吸引企业建立合规管理体系时，通过对那些实施有效合规计划的企业给予宽大的行政处理，来推行一种针对合规的行政监管激励机制。当合规激励促使企业将合规管理作为内部治理的重要方式后，学者陈瑞华在《企业合规制度的三个维度——比较法视野下的分析》中指出合乎规定的规则可分别包括：一是企业运营中要遵守的法律法规；二是企业要遵守商业行为守则和企业伦理规范；三是企业要遵守自身所制定的规章制度。其中，就法律法规而言，行政法、刑法等公法合规只是一个方面。此外，为提供合规抗辩的有力证据，企业也会通过合同等私法方式来证明自身乃至覆盖供应链前端的法定义务履行情况。例如，学者孙娟娟在《从规制合规迈向合作规制：以食品安全规制为例》一文中指出，为了符合官方的食品安全要求，食品生产经营者，尤其是规模主体会开展有利于食品安全的自我监管，最为典型的便是落实基于过程的管理体系，如危害分析和关键控制点体系。与此同时，食品经营者还会借助私营标准和第三方认证来强化供应商的合规管理。实践中，这一域外流行的私人集体式自我规制与合规抗辩制度的安排相关。简言之，英国《1990 年食品安全法》规定，当因为他人过错而违反相关要求时，应追究"他人"的违法责任。对此，当事人的合规抗辩应证明其采取了所有合理的谨慎措施，并履行了所有的义务来避免自己或其员工的违法行为。零售商采取了严于法律要求的私营标准并要求供应商以第三方认证的方式来提供合规证明，借此为上述抗辩提出令人信服的举证。由此，随着政府监管的革新和自我监管的兴起，自我监管被视为提升食品安全监管有效性的制度安排。尤其是，在所谓的监管合规下，生产经营者的合规管理已经成为自我监管的重要内容。也就是说，自我监管和监管合规并不等同。从自我监管到监管合规，前者借助后者展现了自身动机、自我监管能力等，这些都会成为监管者的检视内容以决定监管的时机和手段。一如回应性监管所指出的，无论是强化政府监管还是放松监管，政府干预私主体的市场行为都不是"批发"式或无条件的。当被监管者的动机、实现规制目标的绩效可以触发"针锋相对"的监管策略时，监管者的回应性也可以体现在不同的干预力度和监管工具选择中。

1.3　本书写作的意义与框架

结合上述的理论分析和实践观察，《食品安全监管与合规：理论、规范和案例》意在通过行业案例的介绍和分析来呈现当下政府监管对于企业合规管理的影响，以及案例本身对于理论应用、类案指导的意义。而且，作为源于学术研究的探索，集合理论、规范与实践一体的架构也试图消除理论界与实务界的沟通屏障。实践中，食品安全监管研究的跨学科性和应用性已经促成了产学研政一体化的发展，但理论研究的广度与部门实践的深度依然存在鸿沟。

一方面，理论研究人员通过专家参与等方式为监管部门的监管决策提供智力支持。如果理论研究脱离实践，如对基层监管和行业合规的认识不足，都会导致理论以及由此而来的监管方案因为不接地气而难以落地。一如学者章志远在《迈向公私合作型行政法》中指出的，以合作监管为例的研究，已经因为语言翻译及法制传统而带来了概念使用的混乱和学术对话的不便，如果研究也仅仅只是域外相关理论的介绍和套用，具有浓郁实证色彩和现实解释力的本土化研究就会比较少。此外，理论研究深度不够也会影响对实践的指导作用。如杨柄霖也指出，当后设监管的理论研究未有深入阐述时，由此而来的问题是导致监管实践的发展因缺乏理论指导而处于混乱之中。同样，了解食品安全等具体领域内的监管和合规进展，也能为理论研究提供丰富的案例素材。

另一方面，理论研究和实践应用已经不再仅仅限于学术界，政府、企业、第三方等都在自建研究机构来发挥智库作用，由此而来的合作也提高了研究回应实践的能力。例如，孙娟娟指出，对于食品安全合规专员及其工作的重视已从内部架构转向外部联盟，以促进"食品安全政产学研用"紧密结合的组织建设。如被监管者通过建设合规团队直接从事政策法律研究或者与高校、研究机构等建立协同合作，进而借助专业知识的输出和专家观点的论证来间接影响行政决策，以实现与自身利益相契合的规则设定和合规准备。然而，针对食品安全的跨领域、跨部门合作依然面临诸多挑战，如克服自身专业的偏见性、自身利益的狭隘性。因此，本书有关监管和合规的理论综述以及行业内的案例搜集意在促进不同主体之间的了解和沟通，进而为食品安全社会共治提供学术助力。

综上，本书架构聚焦于自我监管，以企业案例来反映生产经营者的合规管理进展。考虑到自我监管既包括个体性自我监管和集体性自我监管，第 2 部分主要侧重前者内容，以单个生产或经营企业的自我监管和合规管理来论述市场主体如何履行保证食品安全的义务，尤其是食品安全法律法规和食品安全标准所要求的内容。第 3 部分从个体性自我监管延伸至集体性自我监管，后者一方面包括单个生产经营者或者新崛起的平台经营者通过覆盖"从农场到餐桌"的全程管理来促使各尽其职和协同合作，另一方面，行业协会、社会团体等服务于行业发展的第三方组织也会借助标准等工具来促进不同生产经营者之间的合作，即行业内的社会共治。第 4 部分则结合政府监管在规则设定、执行方面的回应性发展来了解领域内的公私互动，通过标准制定和修订的参与来具体介绍监管决策如何回应实践发展诉求，以及执行层面落实制度、应对创新的审慎监管案例。第 5 部分则鉴于行业内的新发展和新挑战，论述食品营养、动物健康、食品欺诈、科技发展、企业文化等与食品安全相关的自我监管进展。第 6 部分由加利福尼亚大学洛杉矶分校法学院雷斯尼克（Resnick）食品法律政策中心执行主任迈克尔·罗伯茨（Michael T. Roberts）教授撰写，从国际视角解读了我国食品安全的治理模式和借助良好实践分享经验的意义。第 7 部分是基于中国食品工业协会总工程师李宇的经验分享，概括性地介绍了食品行业的合规发展和建制方式。

2

个体性自我监管：
凸显过程控制的合规管理

作为市场主体，生产经营者的劳有所获不仅包括为自己的商品和服务赢得消费者的货币投票，也包括保障自身利益免予不正当竞争的侵害。对于爱财有道的生产经营者，一方面，诚实不欺不仅是应该恪守的商业道德，也是其获取知名度和美誉度的依仗，还是经济可持续发展的保障；另一方面，行会、商会等行业性的联盟组织不仅为生产经营者提供管理服务，也维护彼此间共同追寻的长远利益。发展永无止境。随着技术、商业模式的创新，生产的工业化、规模化以及跨区乃至跨国发展使得食品供应先后突破了产能和地域限制。相应地，管理方式也需要思变。在此，企业管理引入分工、标准化等科学管理范式不仅提升了生产效率，而且凸显了管理工作的重要性，后者也在成本控制、质量保证、绩效管理等理念下持续发展演变。相反，短视者会通过产品或者宣传欺诈来逐利而无视消费者利益。在信息不足的时代，消费者与生产经营者的信息不对称和自身识别食品问题的能力不足都使得投机者将一锤子买卖这样的短视行为作为自己的营生之道。信息技术虽然解决了信息不足问题，且便利了消费者的信息获取，但是又导致信息过剩，给消费者带来了辨别信息真假的挑战，也因为如此，消费欺诈又借助新的形式持续损害消费者利益和行业的健康发展。

在上述发展中，农业和食品行业的发展也同时伴随着行业自治失灵和市场失灵。由于粮食供给在保障国泰民安中的基础地位，国家基于粮食安全等目标而对粮食供给涉及的数量、价格和质量进行干预，尤其关注一些重要食品的质量和安全。比较而言，对于因为信息不对称、负外部性等市场失灵导致的食品欺诈问题，国家干预曾主要以司法途径提供私力救济。然而，当消费者通过民事诉讼来维护自身权利时，往往很难提供有力的证据来支持自己的主张，更何况生命、健康等不可逆的损害也难以用金钱来衡量和弥补。更重要的是，工业化、规模化的发展使得产品质量方面的问题并不仅仅危害个别消费者的安全，也因为产量大、销量广，容易引发波及范围广、影响深远的公共安全问题。也就是说，食源性安全风险的管理不仅超越了个人管理能力，也让国家意识到事后干预会因为损害公众对行业和国家治理信任而危及国家长治久安。鉴于此，国家也转变了干预的方式，即通过不断趋严且前置的政府干预来防控食品安全风险，如各国先后修订食品安全法律、重组食品安全监管体系等。在这一转变中，政府干预的目的、方式也在不断与时俱进，以回应行业发展和自身监管成效。

2.1 理论研究：个体性自我监管的驱动与表现

诚然，政府监管的目标之一是以事前预防而非事后应对的方式防控风险，但在现代社会，政府监管很难应对各种复杂的经济社会问题。对于这一挑战，高秦伟在《社会自我规制与行政法的任务》中论述了自我监管之所以受到关注，一方面是长期以来命令控制型的监管强调对抗，通过威慑实现法律遵从，即使取得了监管成效，却也导致了监管者和被监管者在立场上对立的僵局，影响治理效果；另一方面，自我监管已经成为国家以外主体履行任务的主要方式，自发性寻求与国家合作，包括食品企业的自愿认证体系。这些在满足个人商业利益的同时也对提升公共利益有所贡献。

具体到食品安全领域内的自我监管，前文已经论及，自我监管的兴起与发展与外部监管驱动有关，且可构成一种双层监管合作机制，称之为后设监管或元监管。对此，学者金健在《德国食品安全领域的元规制》中指出，全球化进程和社会子系统自主性的加强导致了国家内外行动能力的式微，由此而来的一种应激反应就是通过私人化、行政改革来减轻国家负荷。从监管角度来说，这是指重塑自我监管和国家调控的关系，包括任务分野和责任分配。其中，元监管或者意思相近的受政府监管的自我监管是指生产经营者在政府监管设定的监管框架下选择符合自身条件的具体监管事宜，包括对自己的合规情况进行自我监督。借此，生产经营者可以从中获得的收益包括基于自我监管的质量检验、品质审核等信息提高了对自我的认知度和管理的专业性，获得消费者源于信息披露的信任感，以及改善了与投资方、供货商等的伙伴关系。但是，前置的政府监管框架依旧意味着元监管并不是纯自由而是受到国家监管的再监管，以避免自我监管的动力不足而导致无法实现既定的监管目标。从顺序上来说，前置的政府监管框架需要生产经营者的元监管来细化监管方式且由后设的监管来确保自我监管可以实现预期监管目标，包括对自我监督的政府监督和对违法行为的处罚。

在《论政府对企业的内部管理型规制》一文中，学者谭冰霖介绍了在元监管之前，政府主导的监管方式是前端控制的设计标准监管和末端控制的绩效标准监管。其中，前者是指从生产阶段规定企业应当采用或者禁止采用的技术标准或行为措施，后者是指从产出阶段规定企业必须达到的结果目标。这一监管方式忽略了企业内部管理过程对监管效果的影响。相应地，基于内部管理的监管不规定特定的技术要求或绩效结果，而是要求企业针对行政目标，制订适合自身的内部经营计划、管理流程及决策规则，从而将社会价值内部化。具体到食品安全监管领域，要求生产经营者落实危害分析与关键点控制体系便是标志性的内部管理型监管。这一转型的意义在于将部分保障食品安全的监管责任转移至企业，强调合作监管，以便在利用企业专业信息优势的同时减轻政府负担。例如，监管者实际上无法对企业进行全天候的贴身盯防，借助内部管理型监管可以介入企业的管理流程，以便形成动态、持续的监管效应。同样，对于被监管者，落实内部管理制度业已成为行政处罚的构成要件和裁量因素，尤其是责任豁免方面。理论上，如果行为人已经尽到了合理的注意义务，但是仍不能避免危害的发生，那么其依旧不具有进行责难的基础。

2.2　规范要求：生产经营者的主体责任

无疑，"安全食品首先是产出来的"。但生产环节的安全保障责任分配却经历了从政府监督转变为生产经营者保证。一如理论所总结的，与生产经营者相比，政府从外部管理生产经营环节的安全，既没有专业性和信息量的优势，也因为刚性的前端和末端标准设定限制了生产经营者的自主性，包括结合自身差异来防控食品安全风险的自我管理弹性。因此，在危机导向的监管转型中，政府监管者不仅意识到了食品安全人人有责，也明确了保障食品安全、防控食品风险的首要责任在于生产经营者。从法律角度来说，学者马英娟、刘振宇在《食品安全社会共治中的责任分野》中指出生产经营者的这一责任分别包含了义务和课责，前者是指根据规范应为的分内之事，后者是因未履行相关规范设定的义务而引发的不利状态。对于前者，实务专家任端平、郗文静、任波在《新食品安全法的十大亮点》中论述道：之所以由食品生产经营者承担首要责任，是因为食品生产经营者是通过食品生产经营获得利益，应当按照权责一致的原则，对其行为承担责任。再者，食品生产经营者知悉原料的采购、使用情况，掌握着产品的生产加工、检验、储存和运输情况，掌握着生产加工的工艺技术，知悉食品生产加工环节的风险，具有食品安全的信息优势，只有依法经营、诚信经营，才能将这些影响食品安全的风险因素降到最小。

从法律规范设定来看，我国在从食品卫生到食品安全的重新定位中，责任分配也遵循上述理念作出了相应转变。例如，1965 年发布的《中华人民共和国食品卫生法》总则部分首先明确的是主管部门的监管职责，其次才是生产经营者的守法义务。在 2009 年制定的《食品安全法》总则中，首先被提及的是生产经营者的守法义务和保证食品安全的责任，即根据第三条规定，食品生产经营者应当依照法律、法规和食品安全标准从事生产经营活动，对社会和公众负责，保证食品安全，接受社会监督，承担社会责任。对此，法律释义指出这是对食品生产经营者是食品安全的第一责任人的规定。《食品安全法》第四章是关于食品生产经营的相关规定，其中细化了食品生产经营者作为第一责任人所应承担的义务，即该如何通过内部管理制度的构建来履行保障食品安全的法定责任。比较而言，2015年修订后的《食品安全法》通过增设食品安全追溯、自查等制度，进一步强化了生产经营者的主体责任。对于这一点，学者王旭也在《中国新〈食品安全法〉中的自我规制》中认为这一新修订的基本法明确了自我监管的基本思路，其中的一种类型便是企业对自身的监管，内容包括建立标准、环境监控、自我追溯、安全自查、过程控制、全程查验、食品召回等。由此可见，基于内部科学管理的自我监管日益受到重视并成为保障食品安全的第一道阀门。可以说，针对两者互动的"元监管""基于内部管理型监管"等理论研究不仅契合了行业内构建质量管理体系的实践，也日益成为政府构建食品安全监管制度的原则性要求和具体规范要求。

对于履行上述的主体责任和法定义务，孙娟娟在《从规制合规迈向合作规制：以食品安全规制为例》一文中指出，关于食品安全的法律规定不断趋严，使得食品生产经营者日益重视有助于履行法定义务要求的监管合规，这既为避免违规惩戒，也为回应合规激励。一是组合式的违法责任意味着食品生产经营者在违规时将面临民事责任和行政责任重叠后的高昂违规成本，如惩罚性赔偿与行政处罚在同时施加于一个违法行为时会大大增加被规制者的责任负担，或者面临行刑衔接后加重的刑事责任，这不仅包括既有的食品安全犯罪，也包括推动危害食品安全的制假售假行为"直接入刑"的趋势。二是《食品安全法》已通过第一百三十六条"尽职免责"规定，为经营者以合规抗辩行政责任提供了激励。根据该条款，当食品经营者采购的食品不符合食品安全标准时，一旦其落实两项与义务履行相关的合规工作，包括进货查验和说明该食品进货来源，且有充分证据证明其不知违规时，能免除行政责任。三是随着食品供应链的发展和外部监管的压力，生产经营者也不断拓展自身的管理范围。值得指出的是，这样的外部监管压力和合规管理激励也使得生产经营者日益重视外部乃至供应链的全程管理。例如，追溯体系的建设使得生产经营者可通过向前一步和向后一步的管理来确保产品的来源可溯、去向可追，进而在发生食品安全问题时，既可以第一时间定位问题的源头也能精准地问责相关人员。

2.3 良好实践

案例1 沃尔玛：经营合规管理和冷链关键点控制

沃尔玛公司由美国零售业的传奇人物山姆·沃尔顿先生于1962年在阿肯色州成立。经过50多年的发展，沃尔玛公司已经成为世界最大的私人雇主和连锁零售商，多次荣登《财富》杂志世界500强榜首及当选最具价值品牌。沃尔玛于1996年进入中国，在深圳开设了第一家沃尔玛购物广场和山姆会员商店，经过20多年在中国的发展，已拥有约10万名员工。目前沃尔玛在中国经营多种业态和品牌，包括购物广场、山姆会员商店、沃尔玛惠选超市等，在全国180多个城市开设了400多家商场。

一、 食品安全合规经营的内部管理

合规守法、诚信经营是沃尔玛企业文化的核心，也是沃尔玛在世界各地成功的基石。沃尔玛始终关注顾客的安全和健康，通过不断提升自身管理水平和食品安全操作标准来为顾客提供安全、优质的商品和服务。在实践中，沃尔玛一贯坚守诚信合规经营的标准，通过立体化的管理方式对食品安全进行管

20

理，遵循"从农场到餐桌"的食品供应链管理理念，监控源头生产、仓储配送、验收索证、储藏、加工和销售各环节。

（一）组织建设

组织建设是合规管理的一项基础内容，可通过岗位职责等的设定明确合规管理人员的具体工作内容。以合规自查主管职责为例，其工作包括以下内容。一是根据总部合规策略目标和业务计划，通过合理安排、有效沟通及跟进确保目标的完成。二是根据国家的相关法律法规及公司的政策程序要求，检查及评估商场在食品安全方面的状况及存在的风险点，监督各部门在食品安全方面的运作，包括但不限于以下方面：商品及鲜食原料的保质期检查，鲜食加工、销售过程中的操作，食品添加剂的使用、储存、管理，丢弃商品和废料的处理，收货部索证索票管理，鲜食联营（Pay From Scan，PFS）商品管理，农残检测、测油、废油管理。三是分析商场食品投诉发生的原因，推动相关部门跟进解决，保障食品安全。四是定期对标签、保质期等进行检查，并结合政府部门检查结果，与公司各部门沟通合作，从管理或操作流程的角度提出合理化建议，跟进例外问题的纠正，保障商场的商品价格、标签信息正确，商品保质期符合法规的要求，以及达到公司的标准。五是陪同、跟进食品安全方面的政府检查，支持商场开展食品安全有关的活动，如食品安全周、社区活动等。六是负责新入职员工、促销员的食品安全培训。七是陪同第三方公司跟进基于行为的食品安全审核（Behavior Food Safety Audit，BFSA）、综合害虫管理、食品安全专项检查等。八是与区域合规自查协调员保持良好沟通，跟进例外问题的纠正，保障商场的食品安全符合法规的要求及达到公司的标准。

（二）文化建设

在沃尔玛中国，食品安全文化被视为公司文化的重要一部分，公司通过不断推行食品安全文化，使所有的员工都能从意识和行为上认识食品安全的重要性，全员参与共同完善和提升公司食品安全合规管理体系。例如食品安全已经融入了公司三大信仰：尊重个人，关注食品安全；服务顾客，保证食品安全；追求卓越，执行食品安全。为践行"食品安全等于行为"，一方面，门店员工遵守沃尔玛食品安全五项行为准则，包括保证个人卫生和健康、正确的储藏温度、严禁交叉污染、"一清二洗三消毒"、正确烹饪和冷却。另一方面，为了确保门店有效执行食品安全五项行为准则，又授权专业的第三方每个月对每家门店进行检查。据统计，门店每年累计进行超过20万次的食品安全相关的审核和检查。

（三）流程建设

保障食品安全是一个复杂而系统的工程，经过层层把关的商品才能进店销售。根据《食品安全法》，零售商负有索票索证的责任。在食品进入门店销售前，沃尔玛首先会要求供应商必须在签署合同开始合作前提供符合现行法律要求的资质文件以及有效的产品检测合格报告。此外，为进一步控制风险，沃尔玛根据风险评估将供应商的生产源头企业进行风险分级管理，根据风险评估对生产加工现场实施审核，对于审核不合格的工厂，会被立即取消订单。当供应商将商品送货至沃尔玛配送中心时，收货部门将对供应商产品的卫生条件、感官标准、标签内容等关键信息进行核查，验收合格的商品才会配送至门店销售。即便商品进入门店内销售，食品安全管理也没有结束。每年沃尔玛都会投入相当的资源，对门店在售商品进行抽样检测，通过检测验证，及时发现、剔除不符合法律法规和食品安全标准的产品。

对于沃尔玛商场自制的熟食产品，沃尔玛对选料、运输、收货、加工、售卖同样进行严格的控制。以烤鸡为例，所选鸡胚均为检验合格且来自严格审核的大型工厂，为确保原料品质安全，所有鸡胚原料均通过全程冷链运输配送至沃尔玛门店，原料到店后，门店将按照国家标准对鸡胚进行验收，对不合格产品一律拒收。在产品加工过程中，沃尔玛门店执行全球统一的食品安全准则对全过程进行控制，例如，食品加工前，员工必须按照要求执行洗手的 5 个步骤，且清洗时间不能少于 20 秒，在制作烤鸡时，必须采用正确的加热温度和加热时间，出炉时检测烤鸡中心温度必须高于 85℃。在售卖期间，员工每 2 小时检查并记录展示温度，超过规定陈列时间的产品将被登记后丢弃，以保证售卖食品的安全。

对于易腐商品的食品安全管理，沃尔玛实施全程的冷链控制，包括供应商暂存、冷藏车配送、收货温度检查、冷链储存、冷藏/冷冻陈列等，冷链管理的食品不能脱离冷链超过 30 分钟，确保易腐食品的食品安全。

二、 冷链物流：全程温控与风险管理

新鲜安全与快速供应是生鲜商品的基本要求。为此，沃尔玛持续加大供应链投入，追求卓越的冷链物流食品安全管理。目前沃尔玛在全国开设了 11 个冷链生鲜配送中心，在每个生鲜配送中心设有质量控制部门，对每批食品的合法合规、果蔬农药残留、感官品质进行严格的检验工作，同时通过严格的仓储及运输运营管理和温度管理充分保障供应全国 400 多家门店鲜食商品的品质和安全。

（一）合规基础：以法律与标准为准绳

分析相关法律与标准是建立冷链物流食品安全体系的前提。通常而言，这一合规工作分为三个步骤：第一，分析通用法律要求和标准要求，如《食品安全法》、GB 7718—2011《食品安全国家标准 预包装食品标签通则》、GB 31621—2014《食品安全国家标准 食品经营过程卫生规范》、GB/T 24400—2009《食品冷库 HACCP 应用规范》等；第二，分析特定商品的法规和标准要求，以速冻面米制品为例，如 GB 19295—2011《食品安全国家标准 速冻面米制品》、GB 31646—2018《食品安全国家标准 速冻食品生产和经营卫生规范》等；第三，将相关要求和参数标准融入冷链物流的食品安全管理体系建立中，最终形成符合国家法律法规要求且可落地、可执行的管理体系，例如在速冻面米制品的冷链温度控制上，沃尔玛冷链物流的温度控制参数设置严格遵循和导入了产品标准要求，产品储存的冷库温度严格控制在−18℃以下，运输温度严格控制在−12℃以下，以确保产品的安全合规。

（二）合规特色：融合全球公司标准

作为跨国公司，沃尔玛不断在全球各个沃尔玛市场建立更细化的标准操作，这些公司全球标准助力了沃尔玛的卓越发展。针对物流和冷链建设，公司在全球各个沃尔玛市场推行了物流食品安全五项行为准则，全面阐述了冷链物流在温度控制及日常操作各环节要满足食品安全所需要做到的行为规范。为确保冷链生鲜配送中心有效的冷链物流管理和有效执行"物流食品安全五项行为准则"，公司每年委托外方公司的专业审核团队依据沃尔玛全球标准对每个冷链生鲜配送中心进行审核，每年冷链生鲜配送中心的食品安全审核是评价每个配送中心冷链控制和食品安全管理状况的工具之一。

（三）合规技术：温控的关键作用和全程控制

冷链物流是以制冷技术为基础支撑，链接供需双方，使冷冻冷藏类食品在生产、储藏运输、销售到消费前的各个环节中始终处于规定的低温环境下，以保障食品质量安全，减少食品损耗的一项系统工程。温度控制作为冷链物流管理的核心要素之一，严格控制冷链温度是防止易腐、生鲜类商品发生腐败变质、确保食品品质和安全的关键。基于此，沃尔玛不断在加码和升级生鲜供应链的建设，无论在硬件设施方面、操作流程方面、软件管理方面均在不断加强和提升，以维持全链条的精准温度控制，保障食品品质和安全。

在上游供应商端供应链风险控制方面，沃尔玛采取了监控和管理上游供应商端的储存和运输温度策略，实现全链条温度监控和管理。由于我国冷链物流及设施建设相对落后，易腐、冷鲜产品从产地收购、加工、储存一直到消费的各个环节并不能全程处于冷链环境中，对于零售企业来说，即使自身建立最先进和完善的温度控制体系和设施，供应商上游商品储存和运输温度的未知性和不可控性，仍然存在较大的风险隐患。因此，沃尔玛的全程冷链温度监控开始覆盖至上游供应商端的储存和运输。在实践上，沃尔玛要求供应商将指定的温度监控设备放入商品箱中，当货物到达沃尔玛生鲜配送中心时，商品内的温度监控设备自动链接沃尔玛生鲜配送中心的网关，实现自动数据上传和地点标记打卡。沃尔玛通过温度数据分析供应商表现和精确识别供应商端的风险点，针对冷链控制不符合要求的供应商，推动其必须建立完善的冷链配置。目前沃尔玛生鲜供应链已拥有全链条的温度监控，温度监控覆盖供应商商品储存、供应商运输、沃尔玛生鲜配送中心、配送运输，以及到店销售储存。

在特定商品冷链流通过程的风险控制方面，沃尔玛采取了差异化管理策略，最大限度降低商品的温度波动。不同商品温度敏感性、易腐性存在较大差异，例如冷鲜肉类制品具有水分含量高，包含蛋白质、脂肪、维生素、矿物质等丰富营养的特性，如果温度控制不当极易导致汁液流失、品质降低，或微生物滋生引发腐败变质。为最大限度保障冷鲜肉类商品在冷链物流过程中的商品品质和安全，沃尔玛采取了对冷鲜肉类商品实施差异化管理，核心在于为此类商品设定"快速通道"。在实践上，沃尔玛在商品标签上设置不同颜色作区分，使现场操作人员能快速识别此类商品，如白色标签代表商品按正常流程进行收货入库操作，橙色标签代表商品需要优先安排验货、收货和入库操作。商品通常在供应端完成区分和粘贴对应颜色的商品标签，当商品配送至沃尔玛生鲜配送中心时，操作人员将快速通过商品标签颜色，识别需优先验收入库的商品，使商品不在月台滞留，实现快速入库。

三、 结语

沃尔玛一直致力于成为最受顾客信赖的零售商。当下，沃尔玛正在加速数字化，扩大零售创新，以期为顾客带来更便捷的购物解决方案。与此同时，随着旅程的继续，沃尔玛会怀着开放的心态欢迎食品安全领域的创新技术与解决方案。例如，对于未来冷链物流的进一步提升，沃尔玛将在不断加强自身冷链物流建设的同时逐步规范上游供应商的冷链物流操作和改进，使得上游供应商供应链与沃尔玛生鲜供应链实现更好的对接，在收货操作上将实现更多的差异化管理，最大限度保障食品的品质和安全。

案例2 蒙牛：重科学质量管理，树国际质量标杆

作为中国领先、世界知名的乳制品供应商，蒙牛专注于为各国消费者生产营养、健康、美味的乳制品。蒙牛成立20多年来，已形成了液态奶、冰激凌、奶粉、奶酪等多品类的产品矩阵，拥有特仑苏、纯甄、冠益乳、真果粒、优益C、未来星、每日鲜语、蒂兰圣雪等众多明星品牌。除中国内地、中国香港地区、中国澳门地区外，蒙牛产品还进入了新加坡、蒙古、缅甸、柬埔寨、印度尼西亚、马来西亚、加拿大等十余个国家和地区的市场。蒙牛的企业愿景是"草原牛，世界牛，全球至爱，营养二十亿消费者"，公司坚持"四个不妥协"（产品不妥协、质量不妥协、价值观不妥协、执行不妥协）的管理理念。同时，蒙牛是中国和亚太地区乳制品行业可持续发展的典范，以"守护地球和人类的共同健康"为企业可持续发展使命。

一、 蒙牛质量管理体系简介

全面引入国际领先、行业领先的质量管理体系，是蒙牛在成立初期就确定的原则。随着ISO9001、ISO22000、HACCP等管理体系的相继引入，逐步建立基于风险和产业链管理的、独具蒙牛特色的一体化管理体系，并为信赖、卓越、首选的质量方针提供支持框架。

蒙牛以ISO9001、FSSC22000、HACCP等7项国内外先进管理体系为基础，结合业务实际与各部门设置权责矩阵，以

QP（Quality Planning）质量策划为导向，以 QC（Quality Control）质量控制为系统方法，以 QA（Quality Assurance）质量保障为基础规范，以 QS（Quality Support）质量支持为管理资源支撑，形成以全产业链业务活动为主线的"4Q"质量管理体系。该体系充分以过程方法与 PDCA 管理循环的方法为基础，以 ISO9001 质量管理体系为基准要求，以食品安全管理体系等其他管理体系要求为补充，充分识别全链条质量管理业务活动，将各项体系要求与业务活动要求相融合，以实现三个一致"体系与业务一致、流程与业务一致、操作与标准一致"为目标，形成管理内容横向到边、纵向到底，覆盖全产业链26个业务模块，同时符合质量与食品安全要求的一体化管理体系，实现了全员、全面、全过程、全产业链的系统化管理。

为让"4Q"质量管理体系能够全面落地，蒙牛不仅建立了质量裁判管理与责任状绩效管理机制，同时结合集团各组织权责矩阵，形成了"集团—事业部—工厂"三级质量安全管理架构，突出业务单位的质量安全主体责任与属地责任，明晰集团质量安全管理"策划、监督、支持"的职责定位。从制度保障上，形成了完善的"集团—事业部—工厂"三级管理制度与标准化流程，为全员质量管理行为提供依据。以三级合规管理机制为例，其包括工厂层面落实合规义务。工厂需梳理各项运营活动的法规要求并融入业务管理活动；将业务的法规要求落实至各岗位，明确各岗位合规管理活动，以全面落实合规责任主体。此外，集团层面建立三级评估系统。集团统一策划制定三级评估内容、方式、频次，定期评估各事业部合规管理水平，对评估结果分析，用于管理流程改善。逐步在公司内形成自查自纠、自我改进提升的氛围。

二、 追求"一次做对" 的质量前管理

"向设计要品质，从起点抓风险"，产品质量不是检验出来的，而是设计生产出来的。本着这一理念，蒙牛公司在产品设计阶段引入了质量设计工具，旨在新品第一次上市就确保安全、合规并满足消费者的期望，从而有效降低新品上市风险，提升消费者的满意度。蒙牛的质量设计工作由质量及食品安全风险管理、产品品质管理、产品合规管理、审核评估管理四部分构成，每一部分工作都有独立的工作流程，并充分嵌入到产品创新流程的每个阶段。同时，辅以系统的质量设计审核机制，不断推动质量设计工作的持续改进。下面以蒙牛产品创新流程为主线，分别将每一个阶段开展的质量设计工作展开介绍。

（一）产品构思阶段

由市场部门主导，挖掘商业机会，初步确定产品概念，并与质量、研发、生产等部门从风险、合规、生产等不同维度初步开展可行性分析，以分析是否存在较大的质量及食品安全风险或合规问题。综合各方的可行性分析结论，结合新品概念本身的商业价值评估，确定该产品概念是否继续推进，从而使得产品风险在构思阶段开始就得到有效的规避。

（二）产品定义阶段

通过概念筛选后的产品，市场部门会在本阶段对产品的类型、拟使用的原料、包装形式、声称方向等进行详细的定义，并形成商业立项书。同时，质量部门牵头组成涵盖由研发、质量、生产、技术、设备等相关部门人员组成的质量设计工作组，紧密围绕商业立项书中已知的产品信息开展以下工作。

一是质量及食品安全风险评估及控制。工作组在开展风险识别工作时，紧密围绕8类设计风险——即产品定义及定位类、声称类、感官类、包装类、致病微生物类、化学类、物理类、过敏原类开展风险的识别，识别过程可以使用判断法、检查表法、过程分析法、头脑风暴法，同时结合行业内历年发生的食品安全事件、国家风险监测结果、消费者投诉等信息，最终形成该产品的质量及食品安全风险清单。完成风险识别后，对所有识别的风险从发生的可能性、严重性两个维度进行分析，确定出风险的高、中、低等级，再由风险责任部门制定与其等级匹配的风险消除或缓解的行动计划，并明确相关责任人、完成时间、监控及验证办法。

通过以上风险识别、风险分析、制订行动计划、检查更新4个步骤，使产品可能存在的风险得到了最大限度的识别和控制。

二是产品合规确认。对产品拟使用的原料、包装材料、标签内容，以及初步确定的类型、工艺等的合规性进行确认，以确保产品合规。

三是消费者关键指标的识别。研发部门和质量部门根据商业立项书中所体现的产品定位及消费者的核心诉求，初步识别产品在研发时需核心关注的技术指标，以作为消费者关键指标在生产环节进行重点控制。根据本阶段的质量及食品安全风险评估结果、产品合规性确认结果，并综合考虑其他因素，确定该产品开发是否立项。

（三）产品开发阶段

通过商业立项并进入开发阶段的产品，将通过一系列的小试、中试工作后，初步形成产品的配方、生产工艺及相关质量标准。在此阶段，质量设计工作组需要在产品开发过程中及产品开发结束后，开展以下四方面的工作。

一是针对已知的产品相关信息不断更新风险，并将风险控制要求作为相关文件制定时的输入信息。例如，对原辅料验收标准及产品放行标准增加特定风险的限量值，并结合风险发生的可能性在原辅料、产品质量监控计划增加上述风险的监控内容；通过完善现有的前提方案、制度流程及操作规程，确保食品安全基本条件和活动的符合性；通过特定的工艺流程或食品安全设备，消除或降低风险；在包装标签上标示特定的提示语等。

二是结合消费者测试结果分析，初步确定消费者关键指标及 ABC 区间。根据产品的核心定位及消费者测试结果分析，初步确定消费者关键指标，并在产品质量标准中设置 ABC 三个区间的等级标准，便于产品在后续的生产过程中，通过一系列的质量控制手段，持续推动同一产品在不同工厂、不同生产线或不同批次间依然能够始终如一地提供满足消费者需求的产品。

三是对产品使用的原料及与食品接触的材料均实施 100%准入审核，符合准入审核的供应商才能进入蒙牛合作供应商名单。同时，蒙牛构建了原辅料风险评价模型，从产品设计阶段到产品上市阶段、从供应商到工厂均覆盖全链条的食品安全风险识别，从风险的严重性、可能性和生产过程影响程度三个维度开展风险评价，实施风险分级管理。针对风险，携手供应商制定质量风险控制方案，指导其持续改善。

四是对产品的配方、质量标准、包装标签、工艺流程、监控计划，以及原料、包装材料的质量标准、监控计划等可能导致产品不合规的关键事项进行审查。

（四）产品实现阶段

产品研发结束后，需在生产线按照产品正式生产时的条件对产品的工艺、配方、设备、包装、物流等环节进行验证，主要针对产品生产各环节的匹配性进行调整。在此阶段，会通过以下几项工作保障产品的品质及安全：（1）补充识别风险，并验证风险是否均控制在可接受水平之内；（2）验证生产线的过程能力满足产品质量标准中消费者关键指标的控制要求；（3）开展保质期实验及运输测试实验；（4）识别消费者可能咨询的问题，编写《消费者问答》，并提供消费者服务热线。

（五）产品上市阶段

当质量设计项目组验证产品设计阶段的各项风险均控制在可接受水平内、产品符合质量标准规定的要求、生产经营均符合各项法律法规的要求时，产品方可正式上市。

上市后质量部门需持续关注消费者的反馈，包括正面的改进建议及质量问题投诉，研发部门关注产品在不同生产线及不同批次间的一致性，生产部门关注过程能力等，各部门对所收集的信息进行数据分析，并有针对性地制定和实施改进措施，待所有设计阶段的问题关闭后，产品正式移交生产部门。

好过程才会有好结果。质量设计工具的引入，充分实现了新产品设计的完美性，而追求过程管理的一次性精准完成也是蒙牛质量管理持续追求的目标和管理重点。蒙牛"4Q"质量管理体系基于风险的思维，将所有与质量有关的业务活动均纳入质量管理体系，旨在严控每个过程，保障卓越的产品品质。例如，全产业链风险管理，生产部门将产品设计阶段的质量与食品安全风险清单作为输入，结合生产加工环境，依据管理体系标准，运用HACCP管理的危害分析、食品欺诈管理的脆弱性评估、食品防护管理的薄弱环节评估等工具，从人、机、料、法、环、测等各方面开展风险评估，对高风险项目进行重点关注，并形成重点防控举措进行控制与监测，同时，通过过程评审，将优秀、高效的措施总结、沉淀、固化至管理体系文件中，形成常态化管理。为了确保质量管理体系各项管理要求有效落地执行，蒙牛还基于质量，立足业务，创建了独具特色的"五级"检索机制，将"集团、事业部、大区、工厂、岗位"上下承接，"年、季、月、周、日"环环相扣的格式自我扫描机制，推动自我监督与改进，全力保障将一切影响产品质量安全的风险消除在萌芽状态。

三、结语

实行"从牧场到餐桌"的全产业链品控，将产品品质提升到世界一流水平，蒙牛不断引入并实施预防为主的科学质量管理工具，进行一切以事实与数据为依据的决策，快速响应并高效解决问题，精准识别外部环境变化，动态调整质量管理方式，不断在实践中改进和提升。未来，蒙牛公司将从以下方面提升质量管理水平和食品安全保障能力。第一，"必备设备"。在产品生产过程涉及的设备配置中，针对显著异物、致敏原、化学污染、微生物（含致病菌）等风险，确定不可或缺的控制设备，如工艺控制设备、食品安全控制设备、监控设备等，进而确立食品安全必备设备名录，并确定设备配置性能和参数。如必备设备的配置及性能达不到要求，则不予进行生产，从根本上最大限度地规避风险的发生。第二，"标准化工厂"。蒙牛为规范生产工厂的设计、建造、维护和管理，建立了一整套集食品工艺学、物理学、材料工程学的工厂建造规范，涵盖选址及厂区环境、厂房和车间等11个方面、37个要素的具体要求，把品质管理扩展到工厂的每一个细节，从根本上杜绝食品安全风险，引领行业生产规范。第三，"智能制造"。蒙牛在保障前提方案和核心设备的前提下，借"智能制造2025国家战略"的东风，成为国家工信部智能制造试点示范企业以及乳制品智能制造重点支持单位，开始打造乳制品行业智能制造数字化新模式工厂，智能制造实现了企业资源规划（ERP）、实验室管理系统（LIMS）、智能仓储物流系统（WMS）的互通。智能制造的实施，将使生产过程中的产品不良品率下降20%，产品一键追溯时间由120分钟缩短至30秒。第四，"智慧质量"。在国际化、数字化双轮驱动的战略背景下，蒙牛迅速捕捉数字化时代的脉搏，积极拥抱互联网技术，逐渐从传统行业转型为现代化、数字化、国际化的乳品企业。在质量信息化建设过程中，推行系统搭建质量信息化平台架构、质量信息化贯穿全产业链、质量大数据深度挖掘。未来，蒙牛将继续采用世界先进的信息技术，引领世界乳业进入数字化新时代，开创"数字蒙牛，营养世界"的新纪元，为产品品质提供有力保障。

案例3 顶新：e-MOST原材料食品安全仪表板

顶新国际集团主营便利、餐饮连锁事业，旗下有全家便利店、德克士、康师傅私房牛肉面、康师傅大牌饭、那不勒斯比萨、布列德面包、贝瑞咖啡等连锁事业品牌，涉及的单品、原辅料成千上万种，合规检查的挑战非常大，即使设置了专职的法规组/专员，也很难保证在第一时间识别所有的新法规和标准。如果稍有不慎，企业则有可能出现不合规的情况，导致客户投诉，甚至出现产品召回、媒体通报等严重后果。因此，合规性检查一直是顶新在食品安全和质量管理方面十分重视的内容。

一、合规

顶新国际集团的便利、餐饮连锁事业一直将合规作为食品安全和质量管理的基础。食品企业在实际生产经营的过程应履行的法规，既包括国家法律法规、部门及地方规章、规范性文件、国家及行业标准（规范），又包括客户（相关方）对企业的要求。执行或参考的标准包括通用标准、产品标准、生产经营规范标准、检验方法标准四大类的食品安全国家标准体系。

自 2015 年 10 月 1 日史上最严《食品安全法》发布以来，食品安全领域法律法规和标准的更新更加频繁，各部委和各级政府积极制定相应配套政策，国家市场监督管理总局、国家卫生健康委员会等相关部门陆续出台了为数众多的法规、规章和食品安全国家标准，以确保新法有效实施。企业在开展合规性检查时容易出现遗漏适用的法律、法规条款或依据了已经失效作废的法规、标准等现象。便利、餐饮连锁事业从总部食品安全与安心办公室，到各群（便利群/餐饮群/供应链群）食品安全中心，都紧跟法律法规和标准变更的步伐，对集团内食品安全人员做好及时宣导，适时调整相关食品安全管理政策。

二、基于技术的合规创新

顶新在原有的合规检查基础上，结合科技力量打造数字化平台"e-MOST 原材料食品安全仪表板"和"安全屋"，简化并加强集团内合规管控、规避可能存在的不合规风险。

（一）e-MOST 原材料食品安全仪表板

2016 年，顶新倾力打造 e-MOST 原材料食品安全仪表板（见图 2-1），目前供 3000 多个门店、仓库、食品制造加工企业管理 500 多个供应商和 2000 多种原材料。e-MOST 平台对供应商和原材料进行全程食品安全合规性风险管控，实现供应商准入审核、合规检查、风险预警、检验报告查询、批次追溯及原材料风险评估，切实做到食品安全数据透明、可溯源，风险可预警。e-MOST 原材料食品安全仪表板可满足食品生产企业采购、研发和食品安全等多部门人员以及门店餐厅员工不同的合规检查需求。

图 2-1　e-MOST 原材料食品安全仪表板

1. 生产商/经销商合规检查——资质证照

原材料供应商（生产商或经销商）供货需要具有相关合法资质，在其供应商准入前需要先在 e-MOST 平台上传营业执照、食品生产许可证、食品经营许可证等基本必备资料，且需经平台相关责任人审核确认后才可作为备选供应商。上传的资质证照在系统内需要录入生效日期和失效日期，当资质证照临近过期或过期时，供应商及集团内部相关工作人员将会接收到系统通知，且系统相关界面上已经逾期的资质证照会有标识，便于供应商及时补充上传最新资料。（见图 2-2）

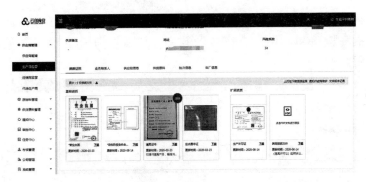

图 2-2 生产商/经销商合规检查——资质证照

2. 生产商/经销商合规检查——工厂二方审核

根据原材料供应商的供货品种及自身资质的差异，委托第三方机构对供应商或承包商的食品安全管理能力、食品安全状况等进行有侧重的现场客观评价。依据供应商供应原材料及属性的不同，分为一般食品、包装材料、仓储物流、农产品之果蔬、农产品之水产、农产品之畜禽、经销商和玩具杂货共八类，每类二方审核时执行的审核标准不同。

e-MOST 原材料食品安全仪表板中记录和分析供应商二方审核的报告，且平台会记录审核日期、审厂类型（预警/飞行）、考核等级、审核分数等基本信息，并能直接查看下载相应的审核报告，还可追踪审核未达标项的整改结果。通过识别供应商在审核过程中出现的食品安全风险，并对风险进行评估，从而确定供应商下一步监控的手段。e-MOST 平台通过二维风险模型的静态和动态两个维度综合评分，实时监控供应商和原材料全程合规性风险点，并实时展示供应商风险等级。

静态风险评分是根据供应商在线提交的《供应商风险问卷》和《原物料风险问卷》，结合原物料静态风险，平台自动计算得出；动态风险评分是基于九大风险监测点，包括供应商资质文件、原物料检验文件、批次 COA 上传情况、供应商审厂结果、专项检查结果、抽检结果、验收表现、交期情况和客

诉情况。风险高的企业（审核分数低）将会被重点关注，如提高检验和后期二方审核的频率，加强培训辅导等。（见图2-3）

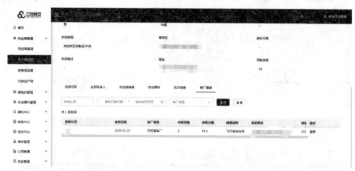

图 2-3　生产商/经销商合规检查——工厂二方审核

3. 原材料合规检查——执行标准

e-MOST 平台中设有独立的原材料"执行标准"板块，用于上传该原材料需符合的国家标准、各类行业标准、地方标准或其企业标准。依照《食品安全法》第二条的规定，其在国内生产销售的行为应符合本法及其他法律法规及食品安全标准。依照《中华人民共和国标准化法》第六条的规定，产品生产者依照产品所执行的标准组织产品的生产和检验。如供应商生产的面包执行的是 GB/T 20981—2007《面包》，标准中明确规定了预包装产品出厂检验项目（感官、净含量偏差、水分、酸度、比容）和需型式检验的项目（本标准中规定的全部项目）及情况。预包装食品的标签应符合 GB 7718《预包装食品标签通则》的要求。食品安全人员可根据原材料执行标准，对标签及检测报告中的项目进行合规性检查。

在 e-MOST 平台中可以同时查找到原材料的执行标准、标签和检验文件，食品安全人员可以快速、高效地完成对标签和检验文件的合规检查。（见图 2-4）

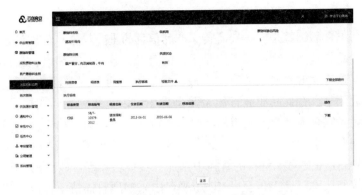

图 2-4 原材料合规检查——执行标准

4. 原材料合规检查——规格表

产品规格书 Product Specification/规格表，是企业为满足产品质量安全、法律法规、顾客的要求而制定的具体类别产品的准确、详细的标准化文件。产品规格书能完整、准确地规定产品种类、设计要求，并能够给出验证产品是否符合要求和特性的方法。e-MOST 平台对原材料的管控中包含"规格表"，用于作为对供应商原材料要求的约定文件和产品放行依据。（见图 2-5）

图 2-5 原材料合规检查——规格表

5. 原材料合规检查——标签

食品标签是向消费者传递产品信息的重要载体，对预包装食品标签加以规范，不仅是维护消费者权益的基本举措，也是保障行业健康发展的有效手段，更能帮助企业规避法律风险。近年来，在食品职业打假索赔事件中，以包装标签问题居多，食品安全人员应严格审核标签是否满足相关法律、法规及食品安全标准的要求，以规避由标签不规范带来的风险及损失。e-MOST 平台对原材料的管控中添加标签模块，经审核后的"标签确认稿"会上传至 e-MOST 平台中采购原料详情中，以便相关人员及时查阅。（见图 2-6）

图 2-6　原材料合规检查——标签

6. 原材料合规检查——检验文件

对于检验文件的监控，e-MOST 原材料食品安全仪表板中主要管控型式检验报告和批次 COA 报告两部分。型式检验主要适用于评定供应商生产的产品质量是否全面地达到标准和设计要求，对产品综合定型鉴定。顶新对于供应商供货的原材料，要求在 e-MOST 系统中上传型式检验报告，并需录入报告生效/时效日期。当原材料的型式检验报告接近过期或已经过期时，相关工作人员将会接收到系统的通知，以便及时与供应商沟通并尽快替换有效的型式检验报告。（见图 2-7）

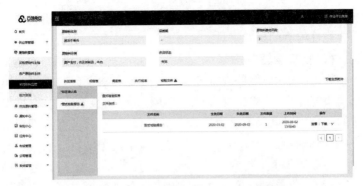

图 2-7　原材料合规检查——检验文件 1

食品生产企业和门店餐厅员工收货查验时，可在 e-MOST 平台中查询采购原材料的产品合格证明/批次出厂检测报告 COA。对于无法查询到的原材料，不予收货和使用。当食品生产企业和门店餐厅面对政府监督抽检时，可以第一时间通过 e-MOST 平台查询到供应商的资质文件和原材料的检验检测报告（型式检验报告/批次出厂检测报告 COA）。（见图 2-8）

图 2-8　原材料合规检查——检验文件 2

基于多年来积累的食品安全管理经验，建立了供应商的评价和退出机制，对供应商的食品安全状况等进行评价，将不符合食品安全管理要求的供应商及时替换。对符合要求的供应商按照风险等级进行排名，实现分级分类管理、协作共生。目前，"e-MOST 原材料食品安全仪表板"已经成为集团内供应商合规性检查的重要工具。

（二）安全屋

集团于 2019 年打造的安全屋（法规舆情平台）可以为集团内法规专员/兼职法规人员/相关人员提供最新法规/标准发布的预警，以确保不会遗漏信息。法规/标准的搜索范围涵盖"从农场到餐桌"的全产业链，包括从上游原辅料（农残、药残、污染物等）、包装材料，到加工环节的添加剂、化学品（清洗剂、消毒剂）等，再到运输、储存环节要求等。安全屋每天自动收集法规/舆情的最新动态，并将收集到的信息按照新增和状态更新（实施/发布/废除）自动分类汇总。在获取法规/标准发布的基础上，针对与集团业务密切相关的法规/标准，进行深入变更对比并分析其影响，选取重要内容对集团内及集团外供应商进行专业培训，帮助相关人员第一时间掌握新法规/标准，降低违规风险。（见图 2-9）

图 2-9　安全屋

（三）小结

通过 e-MOST 和安全屋，在集团内建立起跨便利、餐饮和供应链不同组织的研发、采购和食品安全等多部门间内部沟通机制，确保法规/标准类信息能被快速识别。借助数字化手段全面识别新法规/标准后，需建立并实施有效的应对措施，全面落实合规性检查。同时，企业需要在全面识别法规/标准变更的基础上，根据法规/标准变化的方向和趋势，对自身的食品安全和质量提出更高的要求。

三、结语

在食品安全的管理领域，业内多依赖于企业自身的管理规范与一线从业者的责任心，合规成本反而成了企业的竞争劣势。通过数字化的技术，可以在一定程度上降低管理成本。相信随着数字化技术的普及，人工智能、5G、区块链等更多技术手段的应用，还将进一步提高食品安全管理的质量和效率。数字化必将成为餐饮企业食品安全管理的标配，在协助企业做好高质量的食品安全管控的同时，保障消费者食品安全和合法权益。

案例4 荷美尔：预包装食品标签设计与使用

荷美尔食品公司创建于1891年，总部坐落在美国明尼苏达州，已有百年历史，主要生产和销售各类食品。在中国共有三家生产工厂，其中两家肉制品工厂分别位于北京市和浙江省嘉兴市，主要生产西式香肠、火腿、培根、发酵香肠、速冻调理肉制品、午餐肉罐头等产品。另有一家花生酱生产工厂位于山东省潍坊市。荷美尔供应市场的产品品类繁多，本文以预包装食品为例，分享预包装食品标签合规的事例及注意事项。

一、标签设计合规

食品标签是消费者获取预包装食品信息的重要途径，是传递产品信息的重要载体。产品标签的合规性管理是荷美尔食品安全体系中最重要的组成部分之一。谈及食品安全，离不开公司"Safety First"（安全第一）的企业文化信念，是指导公司日常行为的重要规范之一。标签合规，要求始终使用安全、合法的配料，针对生制品所提供的经过验证的安全烹饪指导、操作流程和储存要求，以及熟制品所要求的经过安全验证的生产工艺，强调食品安全的重要性和标签标识的正确性。荷美尔食品公司的标签合规性管理贯穿于标签的设计、印刷、验收、储存和使用的整个过程中，建立了相应的标签核验政策和流程，成立合规小组，跨部门联合审核，分工明确，确保合规性高于国家法规的要求，使产品能被正确标识，从而向消费者传递准确的信息，维护消费者权益。

（一）跨部门合作、明确分工、逐级审核

产品标签是公司与消费者沟通的一个重要渠道，荷美尔食品公司通过产品标签除了向消费者介绍产品的基本信息外，还增加了菜单推荐等信息，从而更好地服务消费者。因此，公司将标签内容进行细化拆分，指定责任部门及责任人分别确认以下内容。

第一，标签宣传信息部分必须符合《中华人民共和国食品安全法》《中华人民共和国广告法》《中华人民共和国消费者权益保护法》的规定。该部分主要包含品牌 logo、标签颜色、标识、产品图片、宣传语、菜谱及二维码、标签尺寸、张贴方式等信息，主要由公司市场部进行确认，菜谱由研发部和市场部共同确认。在新产品标签设计初期，公司会组织跨部门讨论，包含市场部、研发部、品控部等相关人员一起讨论产品卖点，在合规的条件下如何突出产品特点，使消费者关注产品本身，避免违反国家相关的法律和标准的要求。当卖点存在争议时，会寻求公司法务或第三方检测机构进行合规探讨。

第二，产品的中、英文名称由市场部提出，研发部和品控部共同确认产品属性及合规性审核。市场部在设计新产品名称时，希望使用一些新颖、有特点的词汇来突出产品的特点，吸引消费者的注意力，但往往有些新颖的词汇容易违反 GB 7718《食品安全国家标准 预包装食品标签通则》4.1.2 的规定，因此研发部和品控部在审核产品名称时就要判断是否符合相关规定。例如，一款牛肉香肠，市场部为了突出产品配方中的原料肉只使用了牛肉，想把它作为卖点，建议把产品名称定为

"牛气"牛肉香肠，提案提交后，研发部、品控部、市场部一起组织会议进行讨论评估，依据 GB 7718 中 4.1.2.1 和 4.1.2.2 的要求，标签合规组成员认为"牛气"的汉语意思为"很厉害、很神气"，涉嫌夸大宣传，为了避免引起歧义，因此要求产品名称不能使用"牛气"，同时，合规组也咨询了第三方检测机构，得到同样的建议。最终根据讨论结果，决定不使用这个产品名称。

第三，产品信息及营养成分表由研发部和品控部进行确认。产品信息包括委托方和被委托方（生产者）的名称、地址、联系电话、产地等基本信息，生产许可证编号，产品执行标准，质量等级，储存条件，过敏原信息，配料表，净含量，产品条形码等，按 GB 7718《食品安全国家标准 预包装食品标签通则》规定进行表述。其中，产品配料的合规性是标签合规性的重要一环，研发部在配方设计的初期首先确认配料及添加剂在许可性、范围、使用量方面的合规性，依据为 GB 2760《食品安全国家标准 食品添加剂使用标准》，同时，根据产品的设计工艺和理化指标，确认产品的类别和执行标准号。在标签上标示的内容和顺序由研发部和品控部进行再次确认，确保食品添加剂符合 GB 2760《食品安全国家标准 食品添加剂使用标准》，营养强化剂符合 GB 14880《食品安全国家标准 食品营养强化剂使用标准》。

营养成分表及相关营养宣称要符合 GB 28050《食品安全国家标准 预包装食品营养标签通则》的要求，食品的营养成分可以通过配方进行核算，或都是根据产品的检测值来确定，注意如果是根据检测值来确定标示值时，一定要有代表性或多做几次验证，只以一次检测值来确定产品的营养成分最终标示值会有很大的偏差风险。同时在标示值确定后，定期评估并验证标签标示的营养成分，以保证标示值的合规性。

产品条形码依据 GB 12904《商品条码 零售商品编码与条码表示》编制，标签印刷时还要注意产品条码的尺寸及放大系数符合标准要求，标签制版完成后，应对条码进行检测，保证其合规性。

（二）及时掌握国家相关法律法规、标准动态

公司有专人负责法律法规的定期收集和分发，通过监管部门、相关政府部门的网站及行业网站等多渠道随时掌握国家相关法律法规和标准的最新动态，并及时回顾公司现有政策程序的合规性。同时积极地加入行业协会，在每次协会活动或与协会成员交流的过程中，不但可以保持对标准理解的一致性，而且还可以通过相互分享各自遇到的不同事例来加深印象。此外，公司多次参加政府部门组织的 GB 7718 和 GB 28050 等标准的培训，在培训中可以了解到标准制定的背景、同行业的水平、标准制定的本来意义，并结合企业本身在标签合规过程中遇到的问题，提高合规的准确度。

近两年内，国家市场监督管理总局发布了《食品标识管理规定》征求意见稿和 GB 7718 修订的征求意见稿，荷美尔食品安全委员会成员对征求意见稿和现有标准进行了逐一比对和分析，同时也结合公司的实际情况提出了修改建议。根据法规的管理趋势，公司提前为新标准的执行做好准备工作，并对标签逐步进行改进，例如，根据 GB 7718 征求意见稿，原自愿性标注的过敏原信息变为强制标识内容，公司已在新的标签配料表中不仅标出了过敏原信息，并增加了共线生产可能含有的过敏原提示。通过不断改进标识内容，使消费者更全面地了解产品。

（三）合理利用第三方资源进行标签合规性验证

近些年来，中国法治建设取得了有目共睹的辉煌成绩，公司也更加注重法律法规问题，就产品标签的合规性管理，通过内部合规小组分工和交叉确认，充分利用公司法务、第三方检测机构、行业协会等丰富资源，来做好合规性工作。新的标签送检第三方机构进行检测，以保证合规性。对于有争议的内容，寻求法务、行业协会的专业意见，及时改正，确保面向消

费者的标签都能达到完全合规。

（四）规范标签变更流程以应对标签修改

产品信息更改、配料更改、标准变化等任何一个细节修改都涉及标签的变更，因此提前制定并规范好标签变更流程是十分必要的。标签信息需要变更时，来自不同部门的提议和信息首先将变更内容统一汇总到市场部，由市场部发起变更，变更的标签按流程逐级审核，变更时会将标签的版本号改变，以区别现有库存标签，避免错误使用。如果信息变更来自上游供应商，公司流程会要求供应商信息变更时要提前通知，留出变更的缓冲期，原料验收时验收人员还要核对配料表的一致性，这样可以规避配料不符的问题发生。配料的变更有时还会涉及过敏原的带入，因此配料表的变更需要研发部门和品控部门双复核。

二、 标签使用合规

一方面，针对标签验收、储存，确认好的标签会制成标准册发放给品控部和生产部，用于标签验收和使用过程中的核对。标签到工厂后会与标签标准册进行核对，确保标签信息正确。标签验收合格后批准入库，按照标签版本号分别进行存放，库房会根据生产计划按先进先出的原则发放标签，在发放时与生产进行交接，确认标签版本号正确。不用的或换版产生准备报废的标签，由库房清点后由品控人员挂牌进行暂控，不得发放，暂控的标签要单独存放，避免与正常使用的标签混放造成误用。

另一方面，就标签使用而言，正确的原辅料标签和产品过程标签是导致成品正确标识的重要条件，任何一个环节不可缺失。标签在产线的每一步发放和转移都有专人核对，确保内容无误后方可发放给生产线。生产使用前由操作员检查基本信息与过程标签的信息进行核对，记录核对内容，并保留标签的首末件进行留样，在生产过程中，生产主管、品控人员会定期进行标签检查，同时对首末件留样标签进行核对。对于生产现场使用后剩余的标签做清点并及时收回，避免出现错误使用的情况发生。

通过对标签的验收、储存及发放使用的管理，逐级审核、多方复核，以此来保证最终使用的标签是合规的。另外，定期对参与标签核查工作的一线员工进行培训也是合规性管理的重要一环，他们是合规性管理的最基本单元和中坚力量，也是确保合规的最后一道防线。培训有助于让他们理解标签核查的重要性，它是确保食品安全和合规的重要组成部分。

三、结语

随着经济的飞速发展、法律法规的逐步健全，预包装食品标签相应的法规、标准也在不断更新、完善。当下，企业为了迎合市场，商品品类、设计版式快速更新，食品标签也加入了各种网络语言、清洁标签概念等多种元素，给标签合规工作带来了较大的挑战，这需要公司更快速地掌握国家法律、标准动态，积极地与行业协会保持沟通，这样才能让标签合规工作顺利进行，从而保障消费者的基本权益，也让消费者通过标签更多地了解企业、了解产品，扩大企业的品牌认知度。

现阶段国家监管部门的改编整合也加速了标签相关法规和标准的更新，如 GB 7718《食品安全国家标准 预包装食品标签通则》和《食品标识管理规定》都相继发布了征求意见稿，企业如何快速适应新标准、法规的调整也是公司即将面对的问题，对标准的理解消化及应用实施是一个新的学习转化过程，需要在标签合规性管理的道路上砥砺前行。

科技的快速发展，人工智能已走入人们的日常生活和工作中，新的标识打印检错机、条码检错机等自动化设备已经在一些生产线上得到验证，帮助人工更有效地识别标识错误，降低由于人工辨识疏忽造成的标签错误。公司也在积极地探索寻求更先进的设备来辅助完成标签合规工作，从而更加有效地服务广大消费者。

案例5 食品伙伴网：第三方助力食品合规管理

食品伙伴网（http：//www.foodmate.net）创建于2001年，秉持"关注食品安全，探讨食品技术，汇聚行业英才，推动行业发展"的建设宗旨，开设了包括食品资讯、食品生产与研发、检测技术、质量管理、标准法规等众多服务于食品行业需求的专业频道，借此形成独有的技术优势、圈子文化。深耕食品安全合规管理问题系统化解决服务，产品线覆盖食品安全标准法规研究、食品安全监控与预警、食品标签合规审核、特殊食品注册备案、食品安全技术交流等领域，全面助力企事业单位解决合规管理体系建设、合规管理应用等难题，为大型企业和政府部门优化合规管理"锦上添花"，为中小企业提升合规意识和能力"雪中送炭"，致力于让"食品安全合规管理"创造更多价值。

一、 食品合规管理的第三方服务

随着政府、食品企业、社会公众的食品安全意识提高，食品合规作为食品安全工作关键环节的关注度大幅提升。由此，合规管理服务因其专业性要求高的特点日益凸显出第三方合规管理服务机构的独特优势地位与不可忽视的作用。对于食品企业而言，有效借力第三方合规管理服务，有利于及时、全面、准确和完整地获取合规信息，破除信息孤岛，提升合规管理的精准性和时效性，显著降低合规管理成本；对于政府部门而言，借助第三方合规管理服务深度挖掘非行政性的合规管理信息资源，可显著降低行政成本，有助于有限监管资源分配的最优化、行政监管效能的最大化。

近年来，第三方合规管理服务机构逐渐形成以标准、规范、法规为依据，以食品安全大数据平台为基础，以信息资讯、服务咨询、行业报告、技术交流等方式协助食品企业和政府部门开展科学、规范的食品合规管理服务工作。作为国内有代表性的合规管理服务机构，食品伙伴网为国内外食品企业、政府部门提供包括普适与订制相结合的信息产品、单一与全链条相结合的咨询服务、通用与专属相结合的技术交流活动，依托食品伙伴网深厚的数据与技术积淀，全面提升食品领域合规管理的整体水平。近年来食品伙伴网紧贴行业需求，自主研发的国内外标准法规数据库、产品指标数据库、危害物基础信息与限量数据库，以及食品安全舆情监控系统、食品抽检查询分析系统、食品合规判定系统、食品标签评审系统等信息产品，借助食品伙伴网的互联网优势引领食品领域合规管理工作的发展潮流，有效填补食品企业与政府部门在资质合规、产品合规、经营合规、标签合规、进出口合规等多个方面的短板。

此外，食品伙伴网着眼于食品合规管理工作顶层规划，谋求系统、全面解决合规管理工作的体系性症结。一方面，搭建食品伙伴网资讯、标准、法规、数据库等多个专业频道，满足食品企业与政府部门食品安全信息了解、标准法规信息跟踪、重要标准查询使用等基本需求；另一方面，通过食品论坛在线技术交流、讨论，以及组织"食品安全与合规管理研讨会""进出口交流会"等线下技术交流活动，立足解决合规管理工作"落地难"的顽疾。特别是疫情期间，依托自有在线学习平台"食学宝"提供线上直播课、点播课等多种方式，普及合规管理知识，提升食品行业合规意识。经过几年的实践，食品伙伴网形成了独特的"平台、内容、圈子、服务"模式，实现了合规服务的闭环化和系统化运行。

二、 中小企业合规管理的路径与第三方助力

与规模化食品企业相比，中小企业在合规意识、人员配置、制度建设上距离行业规范要求存在较大差距。因此，食品伙伴网依托良好的平台文化、圈子文化，注重收集整理中小企业面临的合规管理痛点，针对性地研发了系列化产品，开发了针对性服务，组织了专业性活动，有效助力中小企业合规管理工作。

（一）开展合规管理知识宣传普及活动，促进合规管理能力建设

针对中小企业合规管理能力不足、人员合规管理知识匮乏的现状，食品伙伴网通过一系列宣传普及活动，快速提升中小企业人员对国内外标准法规认知及应用能力，促进中小企业合规管理能力建设，实现从"合规体系建立"到"合规管理应用"的全程助力。线上活动初步搭建了食品合规管理的系列化课程体系，涵盖食品安全基础知识、食品标准法规、食品合规管理实操等多个方向，超过 90 门课程、200 个课时。2020年针对主打海外市场的外贸企业，食品伙伴网在线直播国家新出台的出口转内销利好政策及企业合规转型的难点和应对策略，并详细解答企业关心的贴标等问题，在专业性和及时性方面均得到认可。

与此同时，线下活动也受到了广泛好评。一类是以整体提升中小企业合规管理水平为目的的主题活动，如"标准法规大讲堂"等公益性系列活动，与各地食品安全监管部门或行业协会合作，走进全国不同区域，进行食品安全、食品标准法规、食品合规管理等相关内容的普及。另一类是以解决中小企业合规管理中重点、难点为目的的专题活动，如举办"标签合规实操班"等系列线下课程培训班，通过现场详细讲解、实操演练等，助力中小企业掌握标签合规管理的重难点和关键点。食品标签制作中的营养标签设计与营养声称用语的选择与判定，对许多中小企业来说是一个难点，为此，在线下培训活动中，针对其中的能量计算、营养成分含量与 NRV 值的计算与修约、产品营养成分选取声称用语等技术难题，采用小班制教学、实例教学的形式，给大家提供产品实例，由大家现场演练，授课老师结合大家实操过程中出现的问题进行有针对性的讲解。这样面对面的交流与探讨可借助更多元化的互动性来提升各地中小企业对合规的重视程度和认识水平。

（二）开发推广智能化工具软件，提升合规管理效率

针对中小企业合规管理体系建设电子化和智能化程度参差不齐、合规管理效率高低不同的现状，食品伙伴网开发了一系列智能化的工具软件来提升中小企业的合规管理效率和智能化水平。包括：一是针对过程管理，考虑到中小企业在建设HACCP等管理体系方面的资金人力不足、人员流动频繁、高素质管理人员少等痛点，食品伙伴网开发了中小企业智能HACCP自动生成系统（见图2-10），可实现HACCP计划的在线生成、管理和验证，协助企业构建质量保障防火墙；二是针对风险级别较高的水产品，研发了水产品质量安全管理系统，可实现水产品企业相关的标准法规、认证认可资料、进出口预警通报及抽检信息的实时更新与在线查询；三是鉴于严格的物质使用范围和用量致使食品配料的合规判定比较复杂烦琐，食品伙伴网建立了食品配料合规判定系统，基于标准法规大数据，采用科学的计算研判方法、专业的流程设计，实现多品类食品配料可食用性、使用范围和使用量合规性的智能化判定。

图 2-10　中小企业智能 HACCP 自动生成系统

（三）及时推送动态信息，助力掌握合规管理动态

食品标准法规和监管动态、食品安全舆情、食品安全风险评估和科技动态等信息对于各类食品企业的合规管理具有重要的作用，但中小企业往往由于人力、财力、物力等限制难以实现专人信息监控，难以及时、准确地获取食品合规管理动态。食品伙伴网依托网站平台，不但每天更新、汇集国内外的食品安全资讯、标准法规，还专门面向中小企业定期推送食品合规管理动态信息，包括建设食品标法圈、食品安全风向标等微信公众号，逐渐形成了通过微信群、邮件等形式推送食品安全早报，每个季度分享《食品标法圈》参考资料，每年度发布《年度食品安全与标准法规盘点报告》的信息运维模式，有效解决了中小企业合规管理动态信息获取难的问题。

（四）提供精准咨询服务，解决合规管理实际问题

中小型食品企业在合规管理工作中，经常遇到标准法规分析解读、专项研究分析等操作性很强的技术难题，且多难以准确把握自身的技术难点，因此食品伙伴网依靠自身的行业服务经验积累与对行业发展趋势的掌控，提供更加精准的专案咨询服务，针对涉及的资质合规、进出口合规等多领域问题提供针对性的分析服务报告。目前食品伙伴网已累计为食品企业提供了 3000 多项专案分析服务报告，累计服务时间上万工时。如针对食品安全热点事件，食品伙伴网提供及时、翔实、全面的分析报告，不但包括事件的概述与进展、政府部门的意见，还包括事件所涉及的危害源信息，包括该危害源的理化或生物学性质、毒理学资料、科学研究进展及过往的食品安全事件和各国的具体管理规定等内容。精准的咨询服务内容，有效解决了中小企业在合规管理中的技术难题。

三、结语

随着食品贸易全球一体化的发展，全球各个国家、地区的食品安全管理模式也在逐渐发生改变，未来食品贸易、安全立法呈现融合化、一体化发展趋势，监管模式必将向全链条、全

要素、重透明、重服务方向发展。食品伙伴网在继续做好"互联网+食品"的良好合规服务供应商的基础上，致力于推进服务内容的全球化，更好地疏解"超级食品供应链"给食品企业带来的压力；致力于推进服务范围的系统化，更好地提升食品企业的立体化合规能力；致力于推进服务方式的智能化，更好地打造基于风险预测的前瞻性合规服务新模式。有效助力食品行业的产业升级，有效助力政府部门监管水平的提升，有效助力食品行业安全合规的可持续发展。

3

集体性自我监管：
基于多元互动的食品安全共治

从个体性自我监管到集体性自我监管，后者的集体性表现为不同的形式。例如，零售商通过合同要求供应商落实私营标准和第三方认证，行业协会等第三方为生产经营者提供指导、咨询、培训等服务。与单个主体的主导作用和内向管理不同，集体性的自我监管更侧重于不同主体之间的参与和合作，发挥不同组织在资源互补、能力培训等方面的作用。而且，私主体自我监管要求在基于安全底线的同时不断追寻更安全、更优的质量，以此构建自己的竞争优势，迎合更多元的市场需求。孙娟娟在《食品安全比较研究——从美、欧、中的食品安全规制到全球协调》中指出，如果说食品安全保证有利于实现食品安全要求的标准化，那么食品质量提升则是差异化关注的内容。也就是说，食品安全对于市场准入起着"门票"作用，通过差异化或等级化实现的食品质量则是赢得竞争的"武器"。由此可见，对于生产经营者而言，合规指向的规则除了强制性的法律规范和技术规范，也包括了基于合同的私法要求、行业内的自律要求，以及企业内通过规章、文化等推进的行为规范。

3.1 理论研究：集体性自我监管的协同与表现

针对自我监管，学者罗英在《论我国食品安全自我规制的规范构造与功能优化》中指出，集体性自我监管是指多个生产单位聚集而成的团体或组织对其内部成员进行的自我监管。相应地，食品行业协会、网络交易第三方平台、集中交易市场的开办者、柜台出租者和展销会举办者以及食用农产品批发市场可以归入"集体性自我监管"。举例来说，一是对于行业协会的作用，实务专家张蓉、徐战菊和樊永祥在《食品行业协会：在政策法规中的角色和价值》中指出食品行业协会的角色在于能够通过向政府提供一种深入搜集行业广泛意见的机制，促进有效的企业磋商。协会还能作为信息渠道，告知其成员企业与他们业务相关的政府政策重点。反过来，他们也能告知政府有关企业监管事项的总体观点，包括提供有关技术问题、实际当中的约束条件、未预料的后果，以及潜在的商业影响方面的建议。这能够为监管影响评估提供信息，改善监管结果，并帮助政府平衡和达到保护公众利益和支持经济增长的双重目标。将协会用作扩大和统一个别企业声音的工具也使企业可以更加高效地传递共同利益和重点关切，并最小化那些带来不必要成本的政策或规制动议的可能性。

二是随着网络食品交易的发展，新崛起的网络食品交易第三方平台同时扮演着被监管者和监管者的角色。对于后者，平台监管者的角色一方面是因为技术上的优势有助于其从线上监管保证从业者的合规经营，这既涉及平台通过入市审核、实时监测来履行自身的法定义务，也包括报告违法行为、停止服务等来协助政府监管。另一方面，平台监管也体现了平台与政府通过合作提高监管成效的可能性，尤其是在政府"以网管网"中共享数据和信息，而这包括了政府向平台开放监管信息的数据来便利平台履行协助监管的义务。因此，学者刘金瑞在《网络食品交易第三方平台责任的理解适用与制度创新》中强调贯彻社会共治理念，需要政府监管者转变观念，不能仅仅把平台作为被监管者，而应该承认平台是食品安全社会共治的重要力量，把其作为食品安全治理的重要合作者。

三是面对日益复杂的供应链，如对全国乃至全球范围内的供应，新技术带来的新发展机遇和新风险的可能，都使得生产经营者不断加强供应链的全程管理。根据孙娟娟译作的《食品"私法"》，当零售商在供应链中获得优势地位后，其在落实自我监管、行业合作及跨国发展的进程中探索了一条以合同为管理工具，依托于私营标准、第三方认证的私人食品监管体系。对此，一如原书编辑贝尔恩德·范·德·穆伦（Bernd van der Meulen）教授总结道：以"食品私法"这样的术语来归纳这些私人项目是因为它们都是由私主体通过私法工具创建的，其目的在于通过规范食品企业的行为，来减少政府的干预。"食品私法"的发展主要兴起于欧洲与其对于产品及食品监管所采取的"新方法"有关。概要来说，为了促进产品的自由流通，欧盟针对工业产品的立法只限于必要的安全要求，而产品的具体技术要求则授权给私营的标准化组织制定。尽管由此而来的技术规则是自愿性的，但是，符合这些私人规则的产品被推定为与法定的必要要求相一致，进而保障产品在欧盟内部的自由流通。孙娟娟在《网络零售主导下的"食品私法"及其新发展》中也指出，我国食品行业的一个新发展便是从传统零售向网络零售转型，由此而来的网络平台的自我监管意识和能力，以及政府监管的改革也为借助私法工具的"食品私法"提供了新的发展契机。

3.2　规范要求：食品安全社会共治

《食品安全法》的制定和修订为食品安全的监管奠定了法律基础，并突出了预防为主、风险管理、全程控制、社会共治的治理原则。针对治理的主体、内容和工具构建了许多制度要求，以细化上述的原则。例如，要求食品生产经营者承担首要责任，建立风险交流、投诉举报、十倍赔偿、行刑衔接、信用管理等制度。其间，强调社会共治已成为我国加强食品安全的重要特点。对此，实务专家徐景和在《建立中国食品安全治理体系》一书中指出，食品安全治理中，各利益相关者均拥有各自的利益，有的是公共利益，有的是私人利益，但这并不妨碍这些利益相关者各定其位、各尽其力、各得其所。权利与义务、利益与风险彼此相伴，多元利益主体构建的格局必然是多元治理格局和多元责任格局。企业负责、行业自律、政府监管、部门协同、社会参与、媒体监督，成为食品安全社会共治的基本格局。其中，行业协会参与食品安全社会共治的必要性是落实法定要求所需。《食品安全法》第九条规定：食品行业协会应当加强行业自律，按照章程建立健全行业规范和奖惩机制，提供食品安全信息、技术等服务，引导和督促食品生产经营者依法生产经营，推动行业诚信建设，宣传、普及食品安全知识。对于基于行业协会参与所促进的社会共治，原国家食品药品监督管理总局在2017年的"第十一届食品安全双年会"上也指出政府监管部门要敢于实践行业组织参与食品安全社会共治的模式，善于发现和运用有能力和价值的行业协会实施社会共治项目，适时释放监管空间。

对于其他主体，以平台为例，2015年修订的《食品安全法》规定了网络食品监管的基本要求，尤其是确立了网络食品交易第三方平台提供者的四项基本义务，包括：一是网络食品交易第三方平台提供者应当对入网食品经营者进行实名登记，明确其食品安全管理责任；二是依法应当取得许可证的，还应当审查其许可证；三是网络食品交易第三方平台提供者发现入网食品经营者有违反《食品安全法》规定行为的，应当及时制止并立即报告所在地县级人民政府食品药品监督管理部门；四是发现严重违法行为的，应当立即停止提供网络交易平台服务。质言之，这四项基本义务要求是实名登记、许可证审查、违法制止与报告、严重违法停止服务。随后，原国家食品药品监督管理总局又先后通过《网络食品安全违法行为查处办法》和《网络餐饮服务食品安全监督管理办法》这两项部门规章，细化了平台的管理要求。例如，前者将上述四项基本义务要求精细为十多项义务要求，并明确了违法行为达到何种严重程度时平台应停止服务。后者作为前者的特别法，通过要求入网餐饮服务提供者应当具有实体经营门店的线上线下一致资质，强化了平台的入网审查要求。值得指出的是，当突破时空限制成为网络交易的特点时，不同于其他网络食品销售，网络餐饮服务依旧聚焦于本地化服务，这使得平台开展的合规工作不仅面临国家层面的要求，还要符合地方餐饮监管的要求。在此基础上，集体性的自我监管既包括发挥平台自身的居间角色来督促在线商户的合规经营和保护消费者的合法权益，也包括通过和其他主体的合作来促进食品安全治理和保障水平。

3.3 良好实践

案例1 三只松鼠：互联网+HACCP体系

三只松鼠股份有限公司成立于2012年，总部位于安徽芜湖，8年来，三只松鼠已从初创时的单一坚果品牌成长为拥有坚果果干、烘焙食品、肉食三大优势品类的全品类休闲食品品牌。作为互联网食品企业，在全供应链质量管理的道路上，面对如此繁杂的品类结构及多变的产品结构，如何探索出一套符合互联网特色的HACCP体系是三只松鼠面临的重大挑战。因此，结合互联网这一发展特色，三只松鼠建立了覆盖全供应链的HACCP体系。

一、 覆盖全供应链的HACCP体系

三只松鼠有几百家供应商伙伴，涉及坚果果干、烘焙食品、肉食等整个休闲零食类目，同时三只松鼠建有分装工厂，通过多年的摸索，逐渐建立了从供应商伙伴到自有分装工厂到仓储物流的全供应链并富有互联网特色的HACCP体系。

第一，供应商伙伴板块，以审核为抓手推进HACCP体系建设。三只松鼠一方面要求所有供应商自我建立HACCP体系，另一方面通过把HACCP体系建立作为供应商伙伴检查表中的一票否决项，从市场端推动HACCP体系建设。三只松鼠特色的HACCP体系有三大特点。一是HACCP现场执行大于文件要求。体系内容来源于现场，也将运用到现场管理。三只松鼠要求所有的供应商伙伴在HACCP体系上深入现场，基于现场了解风险，建立在各现场环节的危害分析，并采取相应的管控措施，减少或杜绝危害的实际发生风险，不在办公室做体系，不在文件记录上搞形式主义。二是不强制要求通过

HACCP 体系认证。建立 HACCP 体系是做认证的必要条件，但做体系并不一定非要进行体系认证，三只松鼠在推行 HACCP 体系建设的过程中，将供应商伙伴的体系运行和落实作为工作重点来抓，而是否进行相应的体系认证则由企业自主选择，做水到渠成的认证，而非强制要求甲方的决策，让供应商伙伴把精力聚焦在体系本身，而非认证上。三是供应商伙伴绩效评估与 HACCP 体系紧密挂钩。HACCP 体系是否有效运行是三只松鼠对伙伴准入及年度绩效评估的重要组成部分，企业按照 HACPP 体系要求做质量监管并有效运行的，必将是三只松鼠质量管理板块优秀的伙伴。

第二，三只松鼠自有分装工厂板块，基于 HACCP 体系认证深耕。三只松鼠工厂于 2017 年通过 HACCP 体系认证，认证范围涵盖炒货食品及坚果制品、水果干制品分装。通过 HACCP 体系的运行，有效提升了三只松鼠分装工厂食品安全管理水平。2019 年通过了 FSSC22000 体系认证，2020 年又申请了 BRC Food 食品安全体系认证，三只松鼠将通过基于 HACCP 原理的食品安全管理体系认证来不断丰富完善自有分装工厂的 HACCP 体系建设。

第三，三只松鼠仓储物流板块，推行基于 HACCP 原理的仓储物流体系认证。三只松鼠在 2020 年 8 月开展 BRC S&D 认证，通过 BRC S&D 体系的建立，三只松鼠将对收货、仓储、物流配送等整个物流环节实施危害分析，制订相应的危害监控措施。仓储物流端 HACCP 体系的推行，是三只松鼠供应商伙伴、自有分装工厂等全供应链 HACCP 体系的重要一环。

二、 数据驱动下的 HACCP 体系及其管理

三只松鼠基于食品行业的特点和当前供应链质量管理水平，以质量改善大项目和质量改善小项目为落地抓手，分阶段、步进式地融入 HACCP 体系，建立了预防前端供应链风险的监管要求，形成了供应链危害分析和控制的良好实践。

（一）技术支持

一方面，开展质量改善大项目。以市场反馈的显著危害、质量客诉和供应商伙伴高风险为起点，以供应商伙伴为载体，分三个阶段，设置 3~4 个月的改善周期，全面、快速且系统性地降低伙伴风险，控制显著危害至可接受水平，并提高伙伴的现场质量管理水平和消费者质量负面感知。

由三只松鼠品类质量专家牵头，联合外部第三方网络服务提供商、第三方专业技术团队，内部研发、质量、运营成员，组成三只松鼠伙伴质量改善项目组。结合前期的项目调研，以 GMP 和 SSOP 为基础，以 HACCP 危害分析手法为主要手段，并结合市场反馈的显著危害和质量客诉，分析现有或潜在的质量风险，制定定性和定量的质量改善目标，分阶段、有重点地现场实施改善项目；项目实施过程中，通过与外部第三方技术团队的交互和输入，以及内部各相关方的需求和技术耦合，实现改善的协同与分工、目标的追踪和结果的复盘；同时，每一个实施阶段都作为下一阶段的输入，并以质量大数据进行确认和验证，柔性调整过程控制措施，输出《三只松鼠质量改善项目报告》，实现伙伴维度的危害的预防、控制及伙伴风险的降低；伙伴质量水平和产品用户好评的提升，有助于实现 HACCP 体系融合三只松鼠质量生态，实现最佳实践。截至目前，三只松鼠质量已经对 23 家核心伙伴进行了此项质量改善。

另一方面，质量改善小项目又称质量专题改善，以单点的质量问题或品类共性的质量痛点问题为原点（如产品杂质异物、肉制品胀袋漏油、烘焙食品发霉漏气），设置 1~2 个月的改善周期，结合产品质量客诉，建立定量、关键的食品安全改善质量小目标，以 HACCP 危害分析手法为主要手段，制定关键的改善措施和实施改善措施的关键方面，快速关闭单点问题和痛点问题。

质量改善小项目，由品类质量专家全面主导负责，建立质量改善一般先通过 1~2 周质量客诉数据的"定追拿"，1~2 次的现场质量巡检跟踪，并联合产品采购、技术研发人员协同制定改善监督管理措施（质量管理套餐）进行奖优惩劣，如增加新品合作机会、赠送专题培训、出具专项型式检验报告，或非通知审核、削减订单、暂停合作等。在快速解决质量问题的同时，通过质量改善小项目的实施，能够实现伙伴对单点危害的预防与控制，提高伙伴快速响应风险的能力；将 HACCP 体系快速融入伙伴的质量意识，实现 HACCP 理论融合单点问题的实践解决，做到知行合一，做到质量小改善、体系大联盟。截至目前，三只松鼠已实施了不少于 100 起的质量小改善。

（二）数据支持

推行 HACCP 体系最终的目的是保障食品安全，从质量管理的角度来看，三只松鼠也一直在尝试从数据角度验证 HACCP 体系推行是否有助于改善供应商伙伴的质量现状，目前三只松鼠供应商伙伴质量主要以质量风险等级和产品客诉率作为主要考评依据，质量风险等级是基于检测合格率、审核成绩、召回情况等一系列质量相关因素综合评价出来的反映供应商质量水平的一个参数。产品客诉率是一个基于大数据从用户角度反映供应商质量水平的另一个参数。三只松鼠作为一个数字化供应链企业，拥有庞大的数据处理平台，特别是对于质量数据的收集非常敏感，面对一年至少 1300 万的用户评价数据，三只松鼠以周为维度对质量数据进行统计分析，识别出最需改善的供应商伙伴及最亟待解决的质量问题，当伙伴在统计周期中出现质量风险等级异常或者客诉率异常时，三只松鼠会立即采取管控措施并联动供应商伙伴落实整改措施，整改措施包括两种，一种是解决单点的质量问题，比如产品短期内爆发的有异物、发霉等问题，另一种是解决质量稳定性，这里 HACCP 体系就是重要的抓手，HACCP 体系是否有效运行是治本，而解决单品的质量问题仅仅是治标。

一直以来，三只松鼠在坚果品类持续不断地推行 HACCP 体系，通过长时间的专项改善，坚果供应商伙伴质量风险等级大幅下降，产品客诉率 2019 年比 2018 年降低了 2%，三方审核平均分 2019 年相比 2018 年提高了近 20%。在坚果整体质量管理水平大幅提升的前提下，很多坚果供应商伙伴也自发申请并通过了 HACCP 体系认证，认证证书数量 2019 年比 2018 年提高了 38%。在三只松鼠的引领下，坚果供应商伙伴在 HACCP 体系建设上迈上了新的台阶。

（三）文化支持

在三只松鼠全供应链推行 HACCP 体系，最终还是要落在 HACCP 食品安全文化建设上，有了文化保障及文化氛围，HACCP 体系推行将会更加顺畅。三只松鼠主要通过 HACCP 主题月、HACCP 知识竞赛等方式推动 HACCP 食品安全文化建设。首先是 HACCP 主题月，三只松鼠每年都会定期举办 HACCP 主题月活动。一方面由内部质量专家进行培训，通过培训的方式来自我学习 HACCP，形成内部浓厚的 HACCP 文化氛围。另一方面邀请第三方专业机构老师进行专题模块培训，全方面、全过程、全链条解析 HACCP 体系，进一步提高质量专家及三只松鼠全供应链相关人员的 HACCP 意识。其次是 HACCP 知识竞赛，三只松鼠定期在微信公众号举办 HACCP 体系等食品安全相关有奖知识竞赛，作为互联网食品企业，三只松鼠充分利用微信、抖音等渠道传播 HACCP 知识，推行 HACCP 体系运行。最后是行业共治，共同打造 HACCP 食品安全文化。三只松鼠每年都会邀请院校、行业协会、第三方机构等，面向供应商伙伴现场培训 HACCP 体系标准要求，增强三只松鼠供应链全员 HACCP 意识。同时还会通过直播等方式连接三只松鼠和供应链全员共同学习 HACCP 体系，进一步提升供应商伙伴、三只松鼠工厂、仓储物流 HACCP 体系管理能力，确保体系运行的有效性、适宜性。

三、结语

作为互联网企业，面对冗长的供应链及多元的品类结构，三只松鼠在多年的探索过程中总结了一套松鼠特色的 HACCP

体系，建立了从三只松鼠供应商伙伴到自有工厂到仓储物流的全供应链 HACCP 体系，以质量改善大项目和质量改善小项目为抓手，将 HACCP 体系落在实处，并最终通过数据回流，不断促进 HACCP 体系循环改善，不断提升质量管理水平，最终形成了良好的三只松鼠 HACCP 食品安全文化。三只松鼠 HACCP 体系建设道路任重而道远，要进一步全面推进 HACCP 体系发展，还要通过行业共治。作为互联网休闲零食第一品牌，三只松鼠将继续联合企业、政府、行业、第三方检测认证机构，为全供应链 HACCP 体系建设和发展贡献力量。

案例 2　美团：合力共促线下餐饮行业良性发展

美团的使命是"帮大家吃得更好，生活更好"。作为中国领先的生活服务电子商务平台，公司拥有美团、大众点评、美团外卖等消费者熟知的 App，服务涵盖餐饮、外卖、打车、共享单车、酒店旅游、电影、休闲娱乐等 200 多个品类，业务覆盖全国 2800 个县、区市。当前，美团战略聚焦"Food + Platform"，以"吃"为核心，建设生活服务业从需求侧到供给侧的多层次科技服务平台。与此同时，美团正着力将自己建设成为一家社会企业，希望通过和党政部门、高校及研究院所、主流媒体、公益组织、生态伙伴等的深入合作，构建智慧城市，共创美好生活。

一、　食品安全工作理念

民以食为天。美团高度重视食品安全工作，坚持协同治理、技术驱动，借鉴 HACCP 体系原理，认真评估、评查网络餐饮服务食品安全风险点，落实关键控制措施，持续探索食品安全智慧管理。

第一，尽职履责，认真履行平台食品安全管理责任。一是建章立制，提升平台食品安全规范化、制度化管理水平。美团外卖严格落实法律法规要求，建立并定期更新完善《美团点评网络订餐食品安全管理办法》《入网餐饮服务提供者审查登记规范》等 10 余项制度规范。通过制度规范实现对入网餐饮服务提供者入网审查、在网管理、问题处置等体系化管控措施。二是建设平台食品安全专门力量，持续完善组织机制保障。美团形成了"集团—客服—业务—区域"一体化的食品安全机制。通过合理的分工协作机制，推进食品安全合规建设，参与食品安全社会共治。

第二，多措并举，提升外卖配送食品安全水平。为确保外卖配送食品安全，美团外卖抓住"保证温度、保证速度、保证小哥健康"等配送关键点，构建起送餐过程食品安全体系。一是应用人工智能技术，研发智能调度系统。研发"实时配送智能调度系统"——天行系统，为外卖配送装上"智能大脑"，通过实时调度系统的毫秒级计算，订单和骑手动态最优匹配，提升配送效率，确保在安全、合理期间按时送达。二是标准先行，建章立制。2018 年，美团联合中国烹饪协会等机构，制定了《餐饮业外送环节操作规范》团体标准。积极通过标准建设，实现配送流程的规范化，实现食品安全流程化、体系化控制。三是做好餐箱迭代和清洁消毒工作。设计冷热隔离保温新型送餐箱，并持续利用最新科技迭代，确保配送食物保温、保冷。建立餐箱消毒管理制度，通过与艺康等业内领先的公司合作，推进餐箱定期清洁消毒，规范消毒流程和标准化作业，确保餐箱清洁、卫生。四是推进外卖封签，让消费者吃得更安心。2017 年 12 月，美团外卖率先在全国推广外卖封签，保障打包、配送过程中的食品安全，受到商家和消费者的好评。截至 2019 年年末，已累计在全国 1500 多个地区投放 1亿多张封签。在商家后台开放了商户自主采购、定制化采购渠道，满足商户多样化需求。积极加强商户使用封签教育宣导，多商户探索使用腰封、封签、订书钉等，确保配送过程规范化。五是加强骑手培训，提升规范化送餐水平。研发了"新骑手指引""日常安全培训"等课程，将食品安全作为重要的培训内容，加强对外卖骑手规范配送、食品安全等培训。2019

年以来，持续针对骑手开展食品安全培训工作，实现配送相关食品安全知识培训全覆盖。

第三，智慧管理，加强餐饮商户入网审查和在网管理。一是研发"天网""天眼"系统，利用大数据技术推进智慧管理。充分利用平台大数据技术能力，研发"天网"系统，集餐饮商户入网审查、在网和退网管理为一体，通过逐步推进与监管部门食品经营许可证数据库对接，以信息化手段加强对商户经营资质的审核，提高资质审核效率和准确性。充分依托"天眼"系统，智能识别、分析消费者评价数据，及时发现风险信息，提高监管靶向性。2018 年 12 月，"天网""天眼"系统当选首届市场监管领域企业类十大社会共治案例。二是尽职履责，强化商户在网经营行为的管理。平台建立了商户在线经营管理规范、违法行为及时制止及报告等系列管理制度，加强商户在网经营行为管理和监测，并依法对违规经营行为进行核实处理，维护网络订餐平台的交易秩序。2019 年以来，还积极与第三方检验检测机构合作，针对特定品类的外卖食品展开抽查检测，识别风险，并帮助商户改进食品安全控制措施。

二、 合力共治，促进线下餐饮行业良性发展

外卖是基于产业互联网的新业态，是产业和互联网同向而行的结果，产业和互联网是融合而非替代的关系，外卖并没有改变线下制餐、线下消费的本质。美团外卖高度关注线下餐饮行业的良性发展。线下餐饮行业是网络餐饮的基础设施，线下餐饮行业的持续健康发展，是网络餐饮服务持续健康发展的基础。

（一） 餐饮食品安全等于行为

餐饮食品安全与人的行为密切相关，餐饮商户有食品安全知识和解决方案的迫切需求。餐饮服务涉及食材采购、食材清洗切配、食材烹饪加工、餐具清洁洗消、餐品打包等多个环节。每一个环节都涉及人员的操作，操作人员的食品安全意识、食品安全能力、规范化操作水平，直接事关餐饮食品安

全。美国食品药品监督管理局（FDA）副局长弗兰克·扬纳斯在《食品安全文化》一书中指出，食品安全不仅是自然科学，也是行为科学。食品安全等于行为，说明食品安全更多是动态的、基于操作行为的结果。餐饮的烹饪加工就是典型的食品安全等于行为的体现。而有意识地提升食品安全的行为，需要首先具备食品安全意识和必要知识。平台的商户聚合优势，使得触达和普及食品安全信息、知识更加方便、快捷和有成效。

2020 年，美团外卖针对近 2 万家餐饮商户的调研显示，有 89.76%的商户认为，在餐饮经营过程的关键要素"食品安全、菜品口味、服务水平、营销推广"中，食品安全是最重要的因素。同时，在面临的食品安全困扰方面，商户也普遍反馈，缺乏食品安全的培训渠道和食品安全解决方案。比如，55.6%的商户反馈，缺乏有效的食品安全知识及培训的获取渠道；52.83%的商户反馈，餐饮食品的异物、经营场所的虫鼠害防治等缺乏有效的解决方案。商户反馈，希望能够有针对性的解决方案输出，以及食品安全法规政策和知识的普及。

（二）聚合优势下的食品安全科普教育

利用平台链接数百万商户的聚合优势，推进商户食品安全科普教育。在没有加入平台之前，餐饮商户都是以点状分布的，以单体的模式散落分布在不同街区。加入平台之后，不同的餐饮商户因为与平台都建立了合作关系，而产生了商户的聚合效应。因为这种合作关系，平台为了更好地服务商户，建立了专门的服务后台和渠道，可以方便地将食品安全信息和知识同时触达数百万的合作餐饮商户。特别是疫情期间，不见面的隔离状态使得过度依赖线下的合规指导变得更加困难，线上的优势更加凸显。以美团外卖为例，专门设置了针对商户的服务平台——袋鼠学院，并设立了"安全餐饮"的专题模块，定期加强食品安全法律法规、网络订餐规范要求、食品安全操作规范知识等的科普宣传。这些具体内容包括以下几个方面。

一是宣导食品安全信息和知识，提供食品安全解决方案。

为了帮助商户更好地控制食品安全风险，美团外卖结合商户调研的需求反馈，以及餐饮服务的具体场景，持续向商户传导涵盖采购、进货查验、烹饪加工、打包等方面的食品安全信息和知识，不断强化商户依法合规经营意识，提升食品安全规范化操作水平。例如，刊载了山东省市场监督管理局针对预防餐饮食品中毒的科普文章，14 天时间累计阅读量超过 60 万次；针对虫鼠害防治、异物防控等推出了专门的食品安全宣导文章和方案，累计阅读量超过 100 万次。据统计，仅 2019 年到 2020 年 6 月，累计推送各类食品安全法规、知识普及类文章 100 多篇，累计阅读量超过 400 万次。商户对此类实用性强的文章表示欢迎，提出其有非常强的针对性，有助于提升自己的食品安全意识和管理能力。特别是疫情期间，美团专门针对无接触配送、食品安全防疫推出了专门的宣导文章，帮助商户更好地抗击疫情，做好食品安全管理。

二是行业引领，启动并完成助力餐饮复工、食品安全防疫直播活动。为更好地帮助餐饮商户安全有序复工，美团外卖联合各地食品安全监管部门率先在全国发起助力餐饮服务食品安全防疫直播公益专项活动。专项活动集在线食品安全知识学习、专家直播、食品安全防疫答题为一体，邀请行业组织权威专家，开发了政策解读等翔实和实操性强的食品安全防疫课程，通过在线直播方式向全国各地餐饮商户宣导食品安全防疫知识。美团食品安全办公室参考食品安全法律法规和防疫要求，编制了数百道食品安全防疫知识题目，用于直播活动的考试强化。该活动自 2020 年 2 月 19 日在河南首先落地以来，截至当年 3 月 19 日，"复工防疫"系列公益课共覆盖全国 17 个省、19 个市，超百万人次参加学习、考试。餐饮服务行业复工复产、规范有序经营是各类市场主体复工复产的重要保障，加强餐饮服务从业人员培训是做好疫情防控期间餐饮食品安全的基础工作，在线学习+直播互动+考试强化"三位一体"的食品安全防疫公益互动，是疫情防控期间政企联动，探索在线食品安全治理社会共治新模式的具体体现，对提升餐饮商户的食品安全防疫知识水平和能力，起到了积极作用。美团还将设置餐饮复工食品安全防疫直播、安心消费月等举措形成了迎接消费复苏的"春风行动"，在监管部门的指导帮助下，通过平台优势和行业力量，推动餐饮行业做好食品安全防疫保障，实现生活服务领域消费的回补和复苏。

三、结语

外卖是一种基于产业互联网的新业态，而产业互联网是产业和互联网相向而行的结果，产业和互联网是融合而非替代的关系。无论是线上餐饮消费，还是线下餐饮消费，食品安全始终是用户关注的永恒话题。2019 年 5 月，党中央、国务院首次联合发布了深化改革加强食品安全工作的意见，对当下及未来食品安全工作的重点内容进行了高屋建瓴的谋划，针对网络餐饮服务食品安全，意见再次强调了线上线下协同治理、线上线下监管一致的基本原则，指出所有提供网上订餐服务的餐饮单位必须有实体店经营资格，保证线上线下餐品质量安全的一致性。美团外卖将继续在政府立法监管、消费升级的大环境下，积极贯彻落实深化改革意见要求，认真按照市场监管部门的要求，始终坚持技术驱动优化服务，更深入地践行食品安全社会共治，扎实做好平台的食品安全管理工作。

案例 3 中国连锁经营协会：行业自治的能力与责任

中国连锁经营协会（CCFA）成立于 1997 年，有会员千余家，会员企业连锁店铺共 42.7 万个。其中零售会员企业 2019 年销售额 4.1 万亿元人民币，约占全国社会消费品零售总额的 10%。协会本着"引导行业、服务会员、回报社会、提升自我"的理念，参与政策制定与协调，维护行业和会员权益，为会员提供系列化专业培训和行业发展信息与数据，搭建业内交流与合作平台，致力于推进连锁经营事业与发展。

自 2015 年新《食品安全法》颁行以来，协会在国家食品安全监管主管部门的指导下，积极参与政策法规调研、标准制定和修订，组织开展"诊脉行动""示范店标准试点""不合格商品风险预警调查""食品安全城市绩效评估""全国食品安全超市行宣传"等工作，并已在国内主要零售企业建立起有效且统一行动的共享互助机制。2016 年 8 月协会首次发布连锁经营行业食品安全发展五年规划，倡导以"信任消费"为理念，在全行业开展商品品质提升计划，以适应国家供给侧结构性改革的发展战略，促进更充分、更平衡的生产发展，满足人们对美好生活的需求。结合这些项目，有助于强化企业合规管理和优化政府监管的启发可从三个方面加以介绍和总结：一是与时俱进的检查督导，在问题导向下发现合规短板；二是因材施教的能力建设，在争优激励下强化合规管理；三是公私合作的协同共治，如在"食安创城"的国家项目中发挥协会的专业作用。

一、 与时俱进的检查督导，在问题导向下发现合规短板

从时间节点来举例，中国连锁经营协会针对 2015 年修订的《食品安全法》开展了"诊脉行动"，该项目的目标是着力解决食品安全行业的共性问题，改善消费诚信环境，契合了企业未来发展方向，顺应了中央供给侧改革目标的实现。在面对2020 年这场突然袭来的新冠肺炎疫情时，中国连锁经营协会也依托《零售、餐饮、购物中心预防新型冠状病毒建议方案》等开启了一系列防疫保供工作。

（一）"诊脉行动"

2015 年，为贯彻落实《食品安全法》，中国连锁经营协会选取 2014 年中国快速消费品连锁百强排名前 50 名当中，经营规模大、范围广、社会关注度高的大型食品经营企业，自 5 月至 12 月开展为期 8 个月的大型食品经营企业食品安全风险排查"诊脉行动"。其中，6~8 月为企业自查自纠阶段，完成自查门店 3666 家；9~11 月为第三方审核阶段，完成审查门店346 家；12 月为总结阶段，完成成果文件 10 余份。以《发现共性问题、成因分析及建议》为例，几十条分析成果是前所未有的数据和经验积累，为企业和政府部门解决共性问题提供了系统性思路和方向。其中，总体符合性的四个方面统计发现，组织机构与制度符合率为83.2%，场所、设施和设备符合率为81.8%，从业人员管理符合率为81.8%，过程控制符合率最低，为78.24%。食品安全管理工作中最基础、最重要的过程管理成为最薄弱环节，组织构架不合理是导致过程管理中制度落实脱节，人员操作难以落地的主因。故此，建议加强过程管理是当前零售企业自我提升、行业参与、政府指导改进的重点方向。

此外，为客观、有效地实施"诊脉行动"，协会依据《食品销售经营规范（评审稿）》（以下简称《规范》），编制了《大型食品销售经营企业监督检查规程》（政府监察用条款81项）、《大型食品销售经营企业第三方审核检查指南》（第三方审查用 C 级 233 项、B 级 65 项、A 级 59 项，共计 357 项）、《大型食品销售经营企业自查指南》（企业自查用 C 级 233 项、B 级 65 项、A 级 59 项，共计 357 项）三大核心 SOP 文件，为统一政府监管、第三方审核、企业自查标准奠定了基础。而且，针对审查中发现的食品安全高风险点，组织制定了《冰台商品销售操作规范》《熟食制品加工销售操作规范》《生食动物性水产品加工销售操作规范》三项团体标准，还组织实施了《虫害防治操作指引》。这些标准都得到了参与行动的企业的广泛认可，并已经开始组织应用。"诊脉行动"成效至今还在延续，截至 2020 年 5 月，企业需求的标准如《零售业进货查验操作指引》《零售业食品标识、标签检查指引》《超市食品安全管理示范店标准》等已经陆续出台。由此，政府拟定的技术性标准或规范可以引用行业标准，或委托参与起草，先实践后应用，有利于企业快速掌握，真正落地执行。

（二）防疫保供

2020 年 1 月 29 日，中国连锁经营协会向会员转发国家市

71

场监督管理总局发出的"保价格 保质量 保供应"行动倡议，协会积极响应这一"三保行动"，组织300余家企业的20万家连锁门店，为各地保障民生必需品供应充足、价格稳定、质量安全等方面发挥了重要作用。其间，为配合市场监督管理总局疫情期间价格、质量、食品安全等方面要求，协会陆续向会员发出《关于加强防疫期间价格管理的意见》《超市/餐饮经营场所突发性公共卫生事件防控指导手册》《疫情期间食品安全消费提示》《关于进一步落实疫情期间复工复业有关要求的通知》等多项自律性文件。

2020年2月是防疫期间保供的关键时期，路难通、菜难卖、口罩难、经营难等诸多矛盾和困难接踵而至，政府各项防疫、解困、复工复产等措施也纷至沓来。协会连续编辑4期情况通报，反映一线保供企业遇到的实际困难和落实新出台政策出现的问题，尤其对员工口罩急缺、商品库存周转告急、地头生鲜采购运不出等苗头问题及时反映，得到政府有关部门的高度重视。同时，协会主动开展政策调研，完成《关于新冠肺炎疫情对零售业/餐饮业产生影响与政策建议的报告》《关于新冠肺炎疫情期间国家有关30项扶持性政策实施情况的调查报告》《关于落实〈关于应对疫情影响 加大对个体工商户扶持力度的指导意见〉情况的调查报告》，向财政部、商务部、国家市场监督管理总局、人社部及国务院有关研究部门提交专项政策建议材料12份。

二、 因材施教的能力建设，在争优激励下强化合规管理

食品安全需要社会共治，但不同主体的参与角色和作用形式是有差异的。因此，针对能力建设的项目也是结合这些差异来对症施教。

（一）扶持中小生产企业提升市场能力计划

扶持中小生产企业提升市场能力计划由中国连锁经营协会发起并组织实施，是通过零售商与生产商合作，共同建立以质量换市场的营商环境，为消费者建立信任的通道。该计划也适用于各地扶贫商品对接采购商。计划目标是扶持生产商建立阶梯式质量提升和持续改进方案，用 3～5 年的时间逐步达到 HACCP 等国际质量认证管理标准水平。截至 2020 年 5 月，已有 2816 家生产企业参加培训。该计划项目包括以下几个方面。

一是对生产商开展统一的食品安全管理要求培训。中国连锁经营协会已发布团体标准《预包装食品生产食品安全管理要求》《初级农产品食品安全管理要求（种植类）》《初级农产品食品安全管理要求（畜禽类）》《初级农产品食品安全管理要求（水产类）》。中国连锁经营协会为生产商提供线下或线上标准培训，完成培训企业可自评自查自纠。培训内容还包括反商业贿赂及社会责任。

二是工厂二方审核报告自愿性共享。应零售商采购要求将委托第三方认证机构对生产商的工厂（基地）食品安全管理状况进行审核，审核报告分为初级和中级。商品合规可继续委托第三方机构对商品标签标识、检测报告等文件进行查验，合格后提交平台共享。

三是风险预警与信用信息多方联动。商品信息同时关联企业信用、商品抽检、采购单位等信息，联合零售商、生产商、经销商采取一方预警、多方联动的机制，配合各地政府监管部门联合抵制不诚信、不合格、假冒伪劣商品流入市场，维护公平竞争和诚信经商环境，让违法商家在全国市场寸步难行。

四是商品安心消费保险要求。该保险仅对工厂审核达到中级的中小生产商销售，其可在所有 SKU 商品包装上印制统一保险 logo，增强消费端产品信任度。保险对消费者实行责任先行赔付，对零售商现场发生的职业索赔、食品安全或重大产品责任质量事故处理转为保险机构主导事故处理或调解，对生产商导致的食品安全或重大产品责任质量事故承保有关产品召回及危机处置的费用等。

（二）"上海模式"下的采购商供应商合作

中国连锁经营协会和上海市食品安全工作联合会共同打造

了"上海模式"。一方面这契合了上海打造包括具备良好食品安全在内的社会共治营商环境要求。例如，《上海市食品安全条例》要求"高风险食品生产经营企业应当建立主要原料和食品供应商检查评价制度，定期或者随机对主要原料和食品供应商的食品安全状况进行检查评价，并做好记录"。另一方面，依托于传递《信任良好行为公约（2020）》等方式，也有助于落实食品经营企业食品安全主体责任，诚信自律。

例如，该公约针对采购商的信任采购倡议。一是推进中国政府鼓励的 HACCP 生产管理模式，应用全球食品安全倡议（GFSI）认可标准和"扶持中小生产企业提升市场能力计划"标准，采购商两年内（2020～2021 年）100%实现采购国内生产预包装食品标准统一。共同采信第三方机构审核的验厂报告，鼓励中小食品生产者商品标签审核出具第三方报告，商品进货查验逐步实现验厂报告和商品标签审核报告"双统一"。二是协助生产者共同建立以质量换市场的营商环境，同等条件下优先选购达到更高质量标准的商品。鼓励对符合"扶持中小生产企业提升市场能力计划"标准的商品（包括扶贫地区商品）在消费端采取统一营销模式。三是遵守并向生产者宣传"一处审核，处处认可，一方预警，多方联动"的信息共享和预警机制，推动建立消费者、经营者、生产者诚信自律的互动机制，维护区域市场乃至不同区域市场间的公平竞争环境。从中可见，"上海模式"不仅服务上海本地发展，也为推动扶持中小生产企业提升市场能力计划提供了市场激励和可持续发展机遇。

（三）"好主妇"项目

基于消费者对于健康消费需求的逐渐增长，中国连锁经营协会成立了"好主妇"项目，旨在引导零售商向消费者传递健康、科学的科普知识，建立信任消费营商环境。本项目始于2017 年，截至 2020 年 5 月已有 20 个零售品牌的 2000 余家门店参与。

该项目由行业领先企业共同倡导和参与，特色是由零售商向消费者传递营养健康科普知识，尤其是在消费链条中的"最后一米"零售卖场货架端，为消费者提供可靠的营养健康知识。方式是通过科普宣传等方式向消费者传递"品质生活、科学消费、健康人生"的价值观，正向引导消费理念和消费行为，推动商品服务品质提升，形成经营者与消费者之间相互关爱、相互信任的良好社会风尚。作为支持方，协会为成员企业提供月度科普知识包，包括视频、店铺设计展示样稿、相关知识信息等，帮助经营者更好地指导和服务消费者。

对于零售商，这项目的意义一方面是有助于他们正向引导消费理念和消费行为，推动商品服务品质提升，在与消费者交流的过程中，向消费者传递信任，拉近与消费者的距离，参与消费者健康生活方式的形成。另一方面零售从业者可以通过掌握健康消费的基础知识，并从优秀的市场活动案例中获得健康知识转化为生产力的有效操作方法。

三、 公私合作的协同共治， 在"食安创城" 国家项目中发挥专业作用

根据国务院食品安全委员会办公室部署，2016 年 7 ~ 8 月在国家食品药品监督管理总局的指导下，中国连锁经营协会作为第三方机构组织 80 余名专业食品安全审核员，对第二批 15 个创建城市进行中期绩效技术评估工作。内容涉及流通环节中批发市场、零售、餐饮及校园周边"三小"业态，评估总样本量 630 个，形成总报告、分业态报告（批发市场、零售、餐饮）、15 个创建城市分报告等文件，共计 23.3 万余字。

例如，评估发现各地食品安全城市创建工作涌现出很多好的做法，也有共性问题亟待突破。如商品流通地方性监管难以跨区域实施，供应链上下游链条还没形成环环相扣倒逼机制，监管成本和效率达不到工作目标要求，消费者满意度和创建工作参与度偏低，食品安全示范店标准和关键岗位职业化培训缺乏等。因此，从国家层面建议出台相关政策统筹三类创建城市

难点问题。一类是释放地方监管创新积极性问题。如出台地方性易执行的处罚标准；因地制宜实施"三小"备案管理和考核机制；鼓励对从业人员培训、卫生环境、虫害治理等方面提供有效的政府公共服务项目；引导当地政策和资金，加强批发市场检测能力，支持超市、餐厅等食品安全示范店改造，培育种养殖、批发、采购诚信联盟机制等。二类是解决跨区域监管统一问题。如统一实施农产品产地证明格式；建立主要农产品跨区域销售检测信息共享机制；统一全国规模以上批发市场、超市、便利店、餐饮店示范店标准等。三类是行业社会共治参与问题，如鼓励行业自律、标准创新、技术创新；鼓励、支持行业建立示范店标准、"黑名单"风险预警联动机制、负责任采购倡议机制、商品合规信息共享平台，开展科普宣传活动等；参与食品行业共性问题对策清单信息平台建设；鼓励采取合作或购买第三方服务的形式补充监管力量等。

四、 结语

既往来开，中国连锁经营协会一方面继续发挥行业的组织、协调和帮扶能力，持续落实各项食品安全社会共治项目。另一方面将致力于改善食品安全营商环境，行业组织发挥专业标准的作用，为企业自我声明和第三方科学验证创造有利条件。改变当前政府监管为"猫"、企业为"鼠"的被动监管旧格局，推动建立企业为"猫"，问题为"鼠"，政府为当好"猫"创造信任监管的新格局。

案例4 深圳标准促进会：协同多方力量，共建食品安全城市

深圳市一直以来高度重视食品安全工作，在食品安全合规与监管方面充分发挥先行示范区的引领作用，成为目前广东省内唯一获得"广东省食品安全示范城市"称号的城市。2018年5月，深圳市政府为打造市民满意的食品安全城市，正式启动深圳市食品安全战略工作，将供深食品标准体系建设作为第一大工程。同年 12 月，深圳标准促进会（以下简称"标促会"）正式成立，以其为平台开展供深食品团体标准体系建设相关工作。

标促会由致力于深圳标准的研究、制定应用和服务的实体自愿联合建立，以会员制形式，凝聚政、产、学、研、资、用等产业链各方力量打造产业生态圈，建立了以"客户需求+技术实现+标准支撑"为驱动的产业标准化合作平台。在促进食品安全合规与监管方面，吸纳政府、标准化机构、检测机构、评价机构、企业、消费者等多个社会角色共同参与，提供了标准化工具，指导企业合规；建立了自愿性评价制度，鼓励企业合规；构建了内外"双监管"模式，督促企业合规。在多方力量协调统一、共建共治的配合下，标促会以供深食品标准体系为指导，团体标准为基础，标准实施应用为落脚点，孵化创建了深圳市城市品牌——"圳品"，共建食品安全。

一、 建立"圳品" 体制机制

"圳品"工作形成了完善的体制机制，确立了由供深食品标准工作委员会战略统筹，标促会运营，制标、检测、评价、检查机构提供技术支撑，企业为申报主体的运行模式，保障标促会稳定合规运行的同时促进食品企业合规；构建了以标准体系、评价体系、监督体系为三大支撑体系，以"标准体系为基础、技术标准为依据、公开透明为原则、基地控制为前提、体系评价为保障、圳品标识为形象、风险预警为手段、信息平台为支撑、品牌提升为引领"为九大原则的工作机制。

其中，"标准体系"指的是供深食品团体标准体系，是以国家标准为基础，对标国际及发达地区标准，结合实际构建而成的覆盖"从农场到餐桌"的全链条标准体系。同时，建立评价制度体系，对自愿申报的企业实施评价，评价内容包括但不限于基地、环境、农业投入品、产品、管理体系，对通过评价的产品核发证书并允许使用"圳品"标识。在监管方面，本着透明原则实践全流程监管，建立了内部监督与多方参与的外部监督于一体的闭环式"双监管"体系。

二、 协同多方参与"圳品"

供深食品标准工作委员会由深圳市市场监督管理局、人大代表、政协委员、行业协会、食品药品安全委员会成员单位、农业科技促进中心、农产品质量安全检测中心、消费者委员会及深圳海关食品检验检疫技术中心等组成，通过召开全会的方式履行职责。委员会是"圳品"工作审议及监督机构，对标促会、检测机构、评价机构、检查机构的工作进行监督，统筹把关"圳品"质量。

搭建体系是"圳品"工作的重要基础。深圳标准技术研究院（以下简称"深圳标准院"）作为深圳市唯一专业从事标准化研究、服务和应用工作的科研单位，以及国家标准委批复的国家欧洲标准研究中心、国际标准化组织发展中国家事务委员会（ISO/DEVCO）国内技术对口单位，是全国地方标准院所中科研能力最强、员工总数最多、业务领域最广、国际标准化参与程度最高的综合性标准化科研机构，是"圳品"工作重要的技术支撑，为"圳品"构建了三大支撑体系，制定了供深食品团体标准，编制了评价规范及细则。同时深圳标准院也是供深食品标准工作委员会的成员单位、监督检查机构，贯穿了"圳品"工作全过程。

"圳品"工作过程中引入了第三方机构按照评价基本规范和细则，对申报"圳品"的产品开展合格评定，确保检测和评价过程完整、客观、公平、科学。目前，已遴选出深圳中检联检测有限公司、深圳市计量质量检测研究院、深圳凯吉星农产品检测认证有限公司、华测检测认证集团股份有限公司和深圳海关食品检验检疫技术中心 5 家检测机构，以及中国检验认证集团深圳有限公司、深圳万泰认证有限公司、华测检测认证集团股份有限公司、深圳市计量质量检测研究院 4 家评价机构。

"圳品"连接团体标准、检验检测、认证认可等多个环节，增加优质供给，带动品牌提升，服务企业产业化升级。以"圳品"品牌优势吸引和带动"圳品"相关产业行业从业者素质、管理能力、产品品质等的主动提升，增强全链条管控能力，完善管理体系，带动企业良性发展，推动品牌事业不断向前发展，形成长效的良性循环和健全的市场化运作模式。

从 2019 年 8 月首批"圳品"发布，一年多以来，已有超过 436 个产品通过"圳品"评价并相继在深圳上市，产品范围覆盖蔬菜、水果、肉类、奶制品、粮食等 18 大类食品，让深圳市民的"菜篮子"更加丰富、更有品质、更有保障。

三、 共建食品安全城市

"圳品"是"深圳标准"制度体系在食品领域的具体应用之一。深圳标准院作为标促会理事长单位与主要技术支撑机构，同时也是"打造深圳标准"的重要技术力量，为政府监管工作与食品企业合规经营提供强大的技术支撑与决策参考，全面提升城市品牌，助力深圳打造国内领先、国际一流、市民满意的食品安全城市。

（一）服务政府食品安全监管

食品安全监管是一种高度专业性、综合性和复杂性的工作，需要依托专业技术机构协同合作，提高监管效能。

1. 夯实国家食品安全监管基础

先后开展了原国家食品药品监督管理总局农产品农兽药残留、污染物等标准比对研究，推动国内食用农产品安全标准工作发展；在原国家卫生和计划生育委员会指导下开展食品安全标准跟踪评价和标准风险交流工作机制研究，促进国家食品安全标准的互动交流及标准制定与执行的有效衔接；通过国家标准委消费品标准化示范基地建设项目（食品及相关产品领域）评选，建立第一批国家级消费品标准化试点。

2. 推动省级食品监管效能提升

以"立足标准，突出应用"为主旨，在广东省市场监督管理局指导下编写出版《食品安全标准应用指南》，为监管人员提供工作参考，提升监管人员标准应用水平，树立标准权威；响应粤港澳大湾区发展规划，开展供澳时令食品质量安全调查研究，推动粤澳食品安全监管交流合作；持续开展食品行业潜规则相关研究（如凉茶、带鱼等），了解行业产业风险点，为食品安全监管和民众消费提出建议，同时为排查和治理带有行业共性的食品安全隐患问题、防范食品安全风险提供帮助。

3. 支撑地方食品安全基础建设

为深圳市实施食品安全战略、食品药品安全重大民生工程、国家食品安全城市创建等重点工作提供重要支撑，在解决食品安全问题和提升食品安全现代治理能力方面开展大量具体工作。其中最具代表性的，一是建立了全国首个全球食品及食用农产品标准技术法规比对数据库，聚焦标准基础及国内外比对研究，覆盖 36 个国际组织、国家、地区，收录近 16000 份标准法规文本，建立六大基础分类索引，累计使用超过 120 万次，已纳入国家工信部产业服务平台；二是开展了食品安全战略工程供深食品标准体系建设工作，先后制定发布覆盖 18 大类食品和基地、物流、追溯要求等 347 项供深食品团体标准，同时延伸服务"触角"，与广西、山西、河源等地合作，建立"圳品+农业"新模式，助力乡村振兴。

（二）促进企业持续合规发展

1. 国内外标准法规跟踪比对

根据食品企业需求，制定食品安全国家标准、食品安全法律法规跟踪、查新计划；对标准制定和修订及法律法规信息进行定期跟踪，帮助企业及时了解标准、法律法规最新动态，有效规避经营风险；对国内外食品的技术指标进行比对分析，为企业市场拓展、降低技术性贸易壁垒风险提供权威、快捷的技术支持，有助于企业提高知名度与品牌形象，提升行业竞争力。

2. 风险诊断与合规指导

以食品企业经营范围、所处行业为重点，预测、诊断其在标签标识、广告宣传、执行标准等方面潜在的高风险点，帮助企业全面排查从售前到售后全链条风险与合规性，提升企业的食品安全风险防控能力。如某食品企业面临食品出口相关困境，通过结合该企业现状，分析其出口国食品安全技术法规等与我国的差异情况，为该企业食品出口提供基础数据支撑和技术指导，助力企业出口贸易健康发展。

3. 舆情应对维护产业发展

对全媒体信息进行全天候不间断监测和采集，分析舆情走势，研判风险，帮助企业有效防范、快速化解舆情危机。2017年7月，网上一篇名为《奶茶成分大揭秘》的夸大文章引发舆论热议。团队第一时间监测舆情、研判风险，利用"鹏城食事""深圳市场监管""深圳食事药闻"等微信平台发布专业解读，点击量迅速突破10万；同时主动接受各大主流媒体采访，澄清不实信息，有效避免企业的直接经济损失，维护行业健康形象与发展前景。

4. 公益培训助力企业提升

人才是行业高质量发展的第一资源。在深圳市市场监督管理局的指导下，以食品企业人才需求为导向，开展分层级、分阶段的线上及线下人才培训，全面提升行业从业人员素养，持续培育人才造血赋能。仅2019~2020年两年时间，开展食品安全管理体系、标准宣贯培训与内外审核员培训42场，"圳品"相关企业重点农产品标准化、"圳品"申报等培训20场，累计参与人数超1.1万人次。公益培训培育了一批懂技术、懂标准、懂实践的复合型高级技术人才，助力食品企业高质量发展。

（三）推动食品安全社会共治

1. 多元活动服务社会

邀请国内权威专家，面向市民开展食品安全知识科普讲座，主题涵盖母婴膳食、乳制品、水产品等市民关心的常见食品与消费热点，揭示科学真相，澄清认知误区；深入深圳市各大社区开展"食品安全工作坊"等民生微实事活动，营造食品安全全民参与、社会共治的良好氛围；同时，建设深圳市统一的食品安全科普资料库，制作单张、折页、海报等多种形式的主题科普宣传资料供市民免费查看了解，满足市民多元化的食品安全与知识科普需求。

2. 全媒体交互式科普

借助电视台、报刊、微信公众号、网络直播等媒体传播平台，向社会各界广泛宣传食品安全知识。创建微信公众号——"鹏城食事"，累计推送科普文章1300余篇；接受主流媒体采访，解读热点舆情事件，引导公众科学认知食品安全风险和健康消费；加盟食品安全科普网络直播节目《星期三约个饭》，以"大厨现场制作菜品+食品安全专家现场科普"的形式传播食品安全知识，累计播出近30期，总观看量超过600万人次；建成深圳市首个食品药品安全科普教育基地。通过线上线下宣传联动，形成全媒体交互式科普，极大地增强了食品安全科普的渗透力与传播力。

3. 拓展国际交流合作

立足深圳，放眼全球，每年举办深圳食品安全论坛，邀请来自美国、德国、法国、澳大利亚、中国香港、中国澳门等全球多个国家和地区食品药品监管机构代表、政府官员、科研机构专家学者和媒体代表深入交流，国际食品法典委员会（CAC）主席皮尔内夫人、海兰特秘书长及联合国粮农组织亚太区食品安全官武内真佐美女士等国际组织重要领导代表出席。论坛获CAC官网专题报道，已逐步成为具有标志性、开放性、综合性的专业化、社会化国际论坛活动，对于推进全球范围内食品领域的交流与协作具有重要意义。

四、 结语

标促会协调政府部门、技术机构和企业在农业、生产、流通等方面的互联互动，带动生产方、销售端、消费者等多方共同参与，取得了良好的社会反响和市场效益。未来，标促会将继续协同深圳标准院等技术力量，积极助力食品安全合规与监管，助推食品产业健康高质量发展，共建食品安全城市。

案例 5 国际卓越标准（IFS）：第三方助力食品企业合规建设

多年来，供应商审核已成为在零售商体系和程序中固定的组成部分。2003 年德国零售业联合会（HDE）与法国批发和零售联合会（FCD）为了采用统一的标准来评估供应商的食品安全与产品质量管理体系，共同起草了有关零售商品牌食品的产品质量与食品安全的标准：国际卓越标准（IFS）。经过多年的发展，IFS 标准覆盖了食品生产、包装、物流、贸易商、零售和食品商店以及家用和个人护理品等多个领域，IFS 标准应用已经遍布 100 多个国家和地区，2019 年全球共有 26000 多张认证证书。在中国，IFS 组织与上海悦孜企业信息咨询公司紧密合作，全权委托上海悦孜企业信息咨询公司进行管理中国事务，包括标准的推广与培训，让中国的食品加工企业更好地应用 IFS 标准，生产合规、安全和符合客户要求的产品。下面将通过一个食品加工企业的具体案例介绍 IFS 如何帮助企业进行合规建设。

一、 应用 IFS 标准实施合规管理的基本流程

IFS 标准的精神和框架是非常典型的 PDCA 循环（Plan、Do、Check、Action），依照 IFS 标准实施合规管理，同样把合规管理分为四个阶段，即 Plan（策划）、Do（执行）、Check（检查）和 Action（改善）。作为第一阶段，策划阶段从公司的质量方针开始强调合规，明确各个部门、关键岗位的合规要求，策划建立完善的合规管理体系，包括不同的范围和阶段。到了第二阶段即执行阶段，建立覆盖全产业链的法规扫描工具，实施周期性法规扫描和日常法规更新相结合的制度，针对所有法规要求点，有效实施各项控制措施。在第三阶段即检查阶段，实施"日常法规更新+周期性合规扫描"相结合，注重法规符合性和识别潜在风险点。至于最后一个阶段，即改善阶段则是针对合规扫描识别的合规风险点和潜在合规风险，进行原因分析，并建立相应的控制措施。

二、 基于 IFS 要求的企业合规优化实践

举例来说，云南省某食品生产企业主要从事云南十八怪的生产和果蔬干产品分装，产品供应云南省及西南地区市场，渠道包括连锁超市、批发市场和旅游景点等；公司年产值约5000万元，现有员工60余人；组织设立采购部、生产部、品控部、销售部、仓储部、后勤部等部门，已经获得了ISO9001质量管理体系认证。2016年，在日常产品监督抽检中发现，5~8月水果干制品检查有3次不合格的情况，涉及零售渠道、批发渠道和旅游市场，内容包括微生物超标和添加剂超标，详见表3-1。

表3-1　水果干制品抽检超标情况

时间	抽查对象	产品	不合格原因	标准要求
2016年5月16日	×××有限责任公司	波罗蜜薯干果	二氧化硫 0.635g/kg	≤0.1g/kg
			糖精钠 0.075g/kg	不得检出
			甜蜜素 2.0g/kg	不得检出
2016年6月6日	×××超市	波罗蜜脆片	菌落总数 26000	≤1000CFU/g
			大肠菌群 60	<30MPN/g
2016年8月4日	×××商贸有限公司	波罗蜜薯干果	二氧化硫 0.603g/kg	≤0.1g/kg
			甜蜜素 1.73g/kg	不得检出

针对短期内连续三次出现产品抽检不合格的情况，公司进行了针对性的提升措施，如提高产品抽检比率、增强现场卫生管理等，情况有所改善，但由于品控部人力资源的限制，产品不合格的情况仍会时有发生。随着史上最严《食品安全法》的发布及其相应配套法律法规的密集发布和标准的更新，给企业带来更大的挑战。恰逢某连锁超市客户实施现场审核时，建议公司获得 GFSI（全球食品安全倡议）相关标准的认证，公司也希望建立 IFS（国际卓越标准）体系，并获得认证。合规管理是通过 IFS 认证的最基本要求，公司根据 IFS 体系要求，计划建立合规管理系统。

（一）策划

在公司的质量方针中强调合规的重要性，虽然合规一直都是质量管理最重要的部分，但是合规的要求是属于"非明示要求"，因为"非明示"的特性，往往会被忽视，所以在质量方针中强调合规，能时刻提醒各个层级人员的合规要求，提高全员的合规意识。

为此，一是公司在质量方针中增加遵纪守法要求，始终为客户提供合规的产品。

二是明确各个部门在合规管理上的职责，避免单纯将合规职责划归到品控部，品控部作为合规管理的部门，主要负责给各部门提供培训、实施合规性验证，其他各部门需要确保各自的管理过程合规。此外，公司调整了组织架构，将品控部领导的汇报线由向厂长汇报，调整到向董事长汇报，同时确保品控部在产品放行上有一票否决权。

三是合规管理体系策划。根据公司产品的特性，在策划合规管理体系时，不仅仅关注自身的加工环节，还需要覆盖从原料供应、原料/产品流通和消费各个环节，通过扫描识别合规要求，并实施相应的控制措施。如针对果蔬干添加剂和微生物超标的问题，仅关注工厂的加工环节是不够的，还需要关注原料供应环节，如供应商加工环节现场管理、原料验收等。

（二）实施

根据公司产品在原料验收、生产加工、流通和消费环节的情况，制定合规扫描工具，来识别各个环节的潜在风险，扫描工具案例见表3-2。

表3-2 合格扫描工具（案例）

模块	风险	可能环节	法规/标准要求	是否合规	控制措施
原料和产品	食品添加剂	原料、加工	GB 2760		
	真菌毒素	原料、加工	GB 2761		
	污染物	原料、加工	GB 2762		
	农药残留	原料	GB 2763		
	兽药残留	原料	GB 31650		
	致病微生物	原料、加工	GB 29921		
	一般微生物	原料、加工			
标签	产品标签	消费	GB 7718		
	营养标签	消费	GB 28050		
食品接触材料	包材	原料、加工	GB 4806. X		
	生产设备	加工			
	清洁工具	加工			
生产卫生规范		加工	GB 14881		
行标、地标		加工			
化学品	清洗剂	加工	GB 14930. 1		
	消毒剂	加工	GB 14930. 2		
	润滑油	加工			
仓储运输要求		流通	GB/T 191		

通过合规扫描工具，从原料和产品、标签、食品接触材料、生产卫生规范、行标/地标、化学品、仓储运输等多个维度，识别各个环节的要求。以添加剂合规为例，添加剂合规主要体现在原料和加工环节，针对原料环节，需要加强合格供应商的管理（主要包括索证索票，必要时，进行供应商现场审核）和原料验收，确保收进来的原料中的添加剂符合 GB 2760 的要求；针对加工环节，主要在配方管理、配料管理和加工过程管理，首先要求配方设计时符合 GB 2760 的要求，配料环节的称量过程符合相应的要求，加工过程确保混合均匀，避免出现局部超标的情况。

通过合规扫描工具，识别了主要的风险点和合规的管理点，就需要把合规管理点变成日常的操作要求，并有效运行。以添加剂合规为例，将添加剂管理在原料环节和加工环节的合规管理点转换为日常操作要求，从而进行有效管理，详见表 3-3。

表 3-3　将合格管理转换为日常操作要求

环节	管理模块	活动	日常操作要求
原料环节	供应商管理	索证索票	资质证照 型式检验报告
		现场审核（必要时）	
	原料验收	现场抽样	批次检验报告 抽样检测
		抽样外检（必要时）	
加工环节	配方设计	添加剂用量合规	符合 GB 2760 要求 留有一定的缓冲量
	配料管理		称量工具校准 双人复核
	加工管理	明确加工工艺，确保混合均匀	确保加工工艺的执行
	产品验证	定期产品外检	

（三）检查

检查包括日常合规性检查、法规更新识别和周期性合规性扫描。日常合规性检查是指对由合规要求转换的日常操作要求进行检查，此项检查结合质量管理体系实施，包括员工操作的检查、记录的审查、产品检测、官方抽查结果跟进等。法规更新是指持续关注新发布的法规、标准，并识别新法规、新标准的变化以及对现有操作方式的影响，如果有影响，则需要进行相应的更新，需要重新实施 PDCA。周期性合规性扫描是指通过周期性的、全面的合规扫描，确认整个系统的合规性，可以结合企业质量管理体系内审一起实施。

（四）改善

改善是指对在检查环节发现的问题，实施针对性的改善，包括某个点的改善，也包括系统性的改善。以上文提及的水果干制品抽查不合格为例，三次不合格主要包括添加剂和微生物超标，针对不合格情况进行原因分析发现，主要的问题是供应商管理、原料验收、加工过程管理和出厂检验 4 个方面，针对此 4 个方面建立改善措施，具体措施详见表 3–4。

表 3–4　针对添加剂和微生物超标的改善措施

环节	管理模块	活动	改善措施
原料环节	供应商管理	索证索票	确保二氧化硫、微生物指标都包括在型式检验报告和批次检验报告中
		现场审核	实施波罗蜜供应商现场审核
	原料验收	现场抽样	重点关注二氧化硫和微生物，每批必检
加工环节	过程管理	现场卫生管理	建立现场卫生管理 SOP；优化现场卫生管理；车间清洗消毒验证
	出厂检验	关注二氧化硫和微生物	实施设备校准；实施实验人员能力比对

综上，公司根据 IFS 体系要求，建立合规管理措施，并通过 PDCA 的循环，初步有效运行，合规管理的水平得到有效提升，产品再无出现抽检不合格的情况。同时公司在合规管理的过程中，人员能力得到相应提高，公司的整体管理水平得到提高，并获得了客户的认可。以前是市场和客户"要我做"，现在逐步变成了"我要做"，企业变被动为主动，食品安全管理体系不在流于形式，把食品安全管理变成了日常经营管理的一部分。

三、 结语

合规管理是食品企业的生产之本，不合规的食品企业将寸步难行。但食品企业的 100% 合规并非易事，合规建设需要采用科学的方法，IFS 标准的系统方法将有助于食品企业进行规范的合规管理，通过 PDCA 的循环不断优化食品企业的合规能力，保障消费者的安全。

案例 6　中国检验检疫科学研究院：专业引领食品安全与质量发展

中国检验检疫科学研究院（CAIQ，以下简称"中国检科院"），是国家设立的公益性检验检疫中央研究机构，2004 年建院，其前身是成立于 1954 年的农业部植物检疫实验所和成立于 1979 年的中国进出口商品检验技术研究所。中国检科院的主要任务是开展检验检疫应用研究，以及相关基础、高新技术和软科学研究，着重解决检验检疫工作中带有全局性、综合性、关键性、突发性、基础性的科学技术问题，为国家检验检测决策和检验检疫执法把关提供技术支持，为质量安全科普教育及社会实践培训提供社会服务。

一、 食品安全：聚焦 HACCP 的管理体系研究与能力建设

20 世纪 90 年代，中国作为发展中国家，当时的国家商检局、卫生部、农业部作为中国食品的国家管理部门分别从不同的角度关注 HACCP 应用的发展，从政府层面与国外进行有关

HACCP 应用的探讨，为 HACCP 的正式引入和推广奠定了基础。自 2001 年国家认监委成立以来，中国 HACCP 应用得到了快速发展和全面推广。2006 年，国家食品安全危害分析与关键控制点应用研究中心（以下简称"国家 HACCP 中心"）经中编办批准成立，加挂在中国检科院。历经多年，中国检科院在 HACCP 领域积累了丰富的工作经验和研究成果。

回顾历史，原国家出入境检验检疫局于 1999～2000 年组织中国商检研究所及检验检疫系统专家编写、拍摄、制作、出版了《中国出口食品卫生注册管理指南》纸质教材和音像教材，对 HACCP 原理及其应用进行了深入系统的研究，对 HACCP 7 个原理的内涵给出了系统性、创造性的解释，提出中国式 8 个问题的 HACCP 关键控制点判断树，建立了在理论和应用上系统指导食品企业建立实施 HACCP 体系的指南，这是中国第一部正式出版发行的 HACCP 培训教材。

2002～2003 年，中国检科院受国家认监委委托，组织编写了《果蔬汁 HACCCP 体系的建立与实施》《罐头食品 HACCP 体系的建立与实施》《水产品 HACCP 体系的建立与实施》《肉及肉制品 HACCP 体系的建立与实施》《速冻方便食品 HACCP 体系的建立与实施》《速冻蔬菜 HACCP 体系的建立与实施》6 本 HACCP 体系培训教材，这些培训教材成为日后中美交流 HACCP 的重要资料之一，受到美国食品药品监督管理局（FDA）的高度评价。

2003～2005 年，中国检科院参与国家"十五"重大科技专项"食品安全关键技术"中的《食品企业与餐饮业 HACCP 体系的建立与实施》课题。2004 年 6 月，国家质检总局发布了中国检科院起草和制定的体系标准 SN/T1443.1—2004《食品安全管理体系要求》，填补了我国 HACCP 体系国内标准的空白，同时也标志着 HACCP 在中国的应用已经从控制体系转变为管理体系，实现了向 HACCP 食品安全管理体系的跨越。次年 5 月，受国家认监委委托，中国检科院编写了 SN/T

1443.1—2004《〈食品安全管理体系要求〉标准实施宣贯培训教程》。

2005年9月，加拿大农业食品部食品检验署中加小农项目办公室委托中国检科院在四川绵阳举办了"中加食品安全管理体系标准与认证"培训班，以加拿大"食品安全促进计划"标准和中国SN/T 1443.1《食品安全管理体系要求》标准为主要培训内容。随后，中国检科院参与编写了GB/T 27341—2009《危害分析与关键控制点（HACCP）体系食品生产企业通用要求》，GB/T 27342—2009《危害分析与关键控制点（HACCP）体系乳制品生产企业要求》等国家标准，并举办了一系列的标准宣贯培训。

2010年12月，国家认监委主持编写，中国检科院参与的GB/T 27320—2010《食品防护计划及其应用指南 食品生产企业》正式发布，该标准结合了中国食品生产企业实际，汲取了国外经验，是对中国现有HACCP等食品管理体系标准的必要补充和完善，也适用于重大活动的食品安全保障措施。这项标准成为中国第一个食品防护的国家标准。2015~2016年，中国检科院积极参与并协助国家认监委完成了HACCP认证制度的修订工作，具体落实了《HACCP立法可行性分析论证报告》的撰写工作，完成论证报告内容起草并征求专家意见形成制度建设意见。2015年参与编写了《中国HACCP应用与发展白皮书（1980—2015）》，介绍了我国HACCP的应用与发展，对今后的HACCP研究与发展有着重要的指导意义。2016年，为完善我国HACCP发展应用，掌握国际HACCP发展动态，更好地为国家认监委及输美出口食品企业提供技术支持，又积极跟进美国《食品安全现代化法案》（Food Safety Modernization Act，FSMA）法规研究，协助国家认监委进行了该法案及其配套法规的跟踪和翻译工作以及部分法规解读工作，协助国家认监委进行《出口食品企业应对美国FSMA系列丛书》的组织编译和校审工作，并成为输美食品企业应对《食品安全现代化法案》法律要求的牵头单位。

随着 HACCP 研究与应用在我国的不断深入，以及食品安全水平的不断提高，HACCP 教材也需要不断地丰富和更新以适应 HACCP 快速的发展，中国检科院在国家认监委的指导和支持下，组织开展对新版 HACCP 教材的系统编写等工作，为HACCP 的推广应用提供技术支持与保障。

二、 食品质量：食品农产品高端品质认证创新（研发）孵化基地

为贯彻落实《中共中央、国务院关于开展质量提升行动的指导意见》和《国务院关于加强质量认证体系建设、促进全面质量管理的意见》，中国检科院于 2018 年 4 月向国家认监委提出申请并获批成立"食品农产品高端品质认证创新（研发）孵化基地"（以下简称"高品认证基地"），旨在持续推动认证机构、相关企业等开展自愿性高标准（高端品质）认证，营造"优质优价"公平竞争的市场环境，增加优质食品、农产品供给，助力质量提升、产业转型和消费升级。结合先期针对燕窝和蜂蜜的认证制度建设经验，这一高品认证基地的优势包括以下内容。

一是专业性。在食用农产品和食品质量安全方面的研究和检测实力属于国际领先水平。而且，作为专业机构，该基地可以成为非"国推"（国家推行）相关认证制度的所有者（Certification Program Owner，CPO）或托管方（不拥有标准和制度的 IP）。二是开放性。中国检科院没有认证机构的资质，无法开展认证活动，与认证机构不是竞争性的关系，有广泛的包容性，推出的认证制度可为各个认证机构所接受和应用，可将"机推"（机构推广）认证制度升级为"联盟认证"。三是独立性。中国检科院既不是供需双方，也不是行业协会等代表某一方面的社会组织，推出的认证制度可以得到政府部门和社会各界特别是消费者的认可。四是权威性。中国检科院隶属国家市场监督管理总局，"高品认证基地"又获得国家认监委批复

支持，相关业务接受国家市场监督管理总局相关司局的监管和指导。五是服务性。中国检科院在制定技术标准及认证实施规则、专业能力培训、审核技术指导、产品溯源标识、科普宣传推广等方面，为认证监管机构，食品农产品生产、流通、销售企业，相关认证机构和行业协会等提供"一站式"技术支持服务。基于这些优势，基地成功促进的两个认证项目为面向进口食品的"法国原产牛肉""法国原产猪肉"认证和面向国内食品的特级初榨橄榄油品质认证。

（一）"法国原产牛肉"及"法国原产猪肉"认证

中国是第二大牛肉进口国，近些年市场需求也不断扩大，高品质的法国牛肉越来越受到中国消费者的青睐。2019年1月16日，中国检科院与法国畜牧及肉类协会签署合作意向书，达成就法国原产牛肉在华认证制度建设及推广项目入驻中国检科院高品认证基地"的合作。随后，法国猪业联盟也提出将法国原产猪肉在华认证制度建设与中国检科院展开合作的意向。作为认证制度建设的内容，原产地溯源和供应链的透明度可为法国原产猪肉、牛肉进入中国市场创造更多便利条件，促进法国肉类产品在华市场进一步扩展，为中国消费者提供高品质法国原产猪肉、牛肉。

依托"高品认证基地"的认证制度建设，法国猪业联盟及法国畜牧及肉类协会联合中国检科院在11月6日举办的"第二届中国国际进口博览会"法国展位上举办"法国原产猪肉"与"法国原产牛肉"认证溯源体系首发仪式，并颁发第一张进口商认证证书。通过追溯保障和权威认证，销往中国大陆地区的"法国原产牛肉"及"法国原产猪肉"需在其销售终端最小包装上加贴CAIQ溯源标签或加识CAIQ溯源标志并附有溯源码（见图3-1、图3-2）。此举延展了在法国境内从饲养、屠宰、分割、冷藏、出口等各环节和全过程的控制，保障从进口、冷藏、分割、零售到消费者餐桌的质量安全严格符合欧盟和法国标准，增强中国消费者对法国原产猪肉、牛肉的消费信心，不仅使中国消费者容易掌握法国原产猪肉、牛肉的品质特性和烹饪方法，也便于消费者识别和选购。

图 3-1 "法国原产牛肉"及"法国原产猪肉"认证标识

图 3-2 "法国原产牛肉"及"法国原产猪肉"认证溯源标签

（二）特级初榨橄榄油品质认证

目前，国内市场上橄榄油种类繁多，品质参差不齐，同时价格也存在很大的差异。据国际橄榄油理事会（International Olive Council，IOC）在我国橄榄油市场调研后的情况反馈，我国橄榄油市场上主要存在的问题是约 90% 的进口橄榄油不符合 IOC 产品标准及感官评价要求，但 90% 的国产橄榄油产品能够满足国际标准。鉴于此，构建特级初榨橄榄油品质认证不仅有助于规范进口橄榄油的"名副其实"，也能实现进口和国产橄榄油的"优质优价"与公平竞争。鉴于中国检科院与陇南市人民政府和国家市场监督管理总局发展研究中心共同签订的《关于共同促进礼县农村电商发展 助推陇南产业扶贫的战略合作协议》有关内容，"高品认证基地"于 2019 年开展了认证制度的建设工作。

针对制度建设，中国检科院高品认证基地结合国际和国家初榨橄榄油标准，编写了具有中国特色和与国际对标的特级初榨橄榄油标准，以此作为特级初榨橄榄油产品认证的认证依据，对特级初榨橄榄油的感官评价等进行了细化，详细阐述了感官评价中具体的指标值，明确了特级初榨橄榄油的生产加工要求。在此基础上，高品认证基地与认证机构合作，对标准认证的实施规则进行了编写，由认证机构进行备案，推出机构推广的自愿性产品认证即特级初榨橄榄油产品认证。

2019 年 11 月 13 日，中国检验检疫科学研究院党委书记张立在 2019 年中国市场监管发展圆桌会议高端对话会上发布了"特级初榨橄榄油自愿性产品认证制度"。明确采用第三方认证机构认证，加贴中国检科院的特级初榨橄榄油产品防伪溯源标签（见图 3-3、图 3-4），保证每一瓶橄榄油都是优质的特级初榨橄榄油，以达到与市场现有产品的区分，提高消费者对优质特级初榨橄榄油的识别能力。

图 3-3　"特级初榨橄榄油"认证标识

图 3-4　"特级初榨橄榄油"认证溯源标签

甘肃省陇南市祥宇橄榄开发有限责任公司是申请并获得特级初榨橄榄油产品认证的第一家企业。值得一提的是，陇南市为中国最大的橄榄油生产基地，在国内橄榄油产品行业，素有"中国油橄榄看陇南"之说。而且，甘肃省陇南市把油橄榄产业作为解决适生区群众脱贫致富的特色产业。因此，该案例的意义还包括以下几个方面。一是本次扶贫工作建立的"特级初榨橄榄油认证制度"，结合国内市场上橄榄油产品的现状，立足于陇南地区油橄榄产业的切实需求，认证依据与国际接轨，并创新科学审核评价方法，建立和传递信任；中国检科院还申报并获批了认证认可行业标准《特级初榨橄榄油评价技术规范》（2019RB013），标准发布后，将协调和统一评价方法和规则，避免不同的机构推出类似的认证评价制度。二是特级初榨橄榄油产品认证溯源项目是中国检科院高品认证基地与陇南市政府围绕"精准扶贫，一县一品工程"通力合作的丰硕成果。通过将特级初榨橄榄油从油橄榄种植、采收、加工、包装、储藏、运输到销售的全过程控制及追溯，以甘肃省陇南市祥宇橄榄开发有限责任公司为试点，带动了陇南地区橄榄油的品质提升，保障了从源头到消费者餐桌的质量安全，增强了中国消费者对国产特级初榨橄榄油品质的信心，提升了国产特级初榨橄榄油的品牌形象，助力国产橄榄油产业发展和脱贫攻坚。三是依托中国检科院专业、扎实的技术实力，助力陇南不断加强农产品标准化建设，提升产品发展水平，坚持走生态优先、绿色崛起的高质量发展路线，增强中国消费者对国产特级初榨橄榄油品质的信心，提升国产特级初榨橄榄油的品牌形象，切实推动陇南脱贫攻坚战取得新成绩。

三、 结语

随着消费者对食品安全及品质的关注程度日渐提高，购买价格较高的高品质食品的意愿已日益凸显，但是消费者对食品质量安全方面的认识程度有限，且无法获取产品的生产加工要求及质量特性等相关信息，高品认证基地积极整合行业标准、促进行业高质量发展，并大力开展科普宣传，给予消费者相应的消费提示及引导。

4

回应性政府监管：
基于标准要求的公私互动

从政府监管食品安全的历史来看，政府是否监管及监管时如何选择手段、确定目标的依据之一是社会经济发展，包括行业发展。概括来说，一是行业发展无序时，如竞争恶化、损害消费者利益的情况不仅时有发生且愈演愈烈，乃至导致危机发生时，政府从保护公共利益的角度会强化监管，尤其是以命令控制型的监管来明确被监管的行业从业者的行为，包括生产经营什么样的产品和如何生产经营等。从制度设计来说，这包括针对食品的成分要求和针对场所、人员及其行为的卫生规范。二是行业在外部法治压力下不断强化自身合规管理时，客观上的改进效果和主观上的合规乃至合作意识都会促使政府监管在差异化的客观情况下提高自身监管的回应性，即针对被监管者不同的行为作出相应的监管要求。例如，针对规模差异分别明确一般生产经营者和企业的义务要求。又或者针对食品经营者提供"尽职免责"的制度保护。三是无论是监管者还是被监管者，都会因为技术的发展而不断改进自身的工作方式。由于被监管者在技术和信息方面的优势，往往会因为商业创新在前而给监管者带来缺位的问题。当确认政府监管如何从缺位到归位又或者是否需要归位时，自治的充分与否是重要的考量因素，这需要监管者和被监管者之间的沟通和后者的表现来促使前者作出适宜选择。当下的一个典型案例便是互联网监管，可以说，网络食品销售的模式创新和监管回应是这个领域监管的先行者，在平台责任设定方面更是凸显了中国特色。

4.1 理论研究：监管时机的选择与工具匹配

针对自我监管和政府监管，保障食品安全的监管实践为理论完善提供了丰富的素材，如前述的自我监管和后续发展的元监管或者基于管理的监管。这些发展表明，市场私主体的自我监管和政府针对市场失灵的干预并不是二择其一，也不是相互替代，而是可以通过公私互动形成合作，进而实现双方共同诉求的目标，即保障食品安全是为了获得消费投票，前者是市场支持，后者是政策支持。对于这样的互动，政府监管的优化被总结为后设监管、回应监管、智慧监管等。例如，在《食品安全监管应当实现"聪明监管"》一文中，高秦伟指出针对多重失灵，可使用不同的监管方式，如从政府角度来讲，食品安全监管理念需要革新，监管者应该思考，当传统的监管方式（行政处罚、行政许可、行政检查、行政强制）失灵之时，是否需要其他的替代方式？是否需要培育社会力量进行诸如第三方认证（审核）、标准制定等任务？出现问题一味不计成本地加强监管，不仅增加了企业的实施成本，而且增加了行政机关的财政支出与人力投入，事实上效果也并不理想。当下，根据学者卢超在《事中事后监管改革：理论、实践与反思》中的总结，市场监管改革的重要方向就是构建事中事后监管机制，而且，监管者也已经结合数字信息时代的特点推出信用风险监管、大数据监管等新兴监管工具。

在上述背景下，除了过程管理呈现后设监管、基于管理的监管等合作模式，事前许可和事后惩戒也日益具有回应性。一方面，政府监管在"放管服"的改革要求下不断优化事前许可。例如，孙娟娟在《食品生产许可改革的几点建议》中认为，在行政审批改革不断深化的进程中，为优化营商环境推进的"简政放权、放管结合、优化服务"也把行政审批制度改革作为重要抓手，要求限缩许可的适用范围，而针对许可存量的领域，也要求下放权限、简化程序、优化监管，提升服务。相应地，适时修订的《食品生产许可管理办法》引入了针对申请低风险食品生产许可的告知承诺制，压缩了诸多程序中的时限要求。从引入到规范再到简化，食品生产许可作为一个具体案例，说明了政府试图在食品安全领域探索如何正确处理安全与发展的关系。同样，针对经营领域，2019年以《食品安全法》实施10周年暨食品经营领域放管服改革的法治保障为主题的中国食品安全法治大会发布了《食品经营领域放管服改革典型事例》，分享了一批可复制、可推广的经营许可改革经验（见本书附录）。

另一方面，针对事后惩戒，刘鹏、王力在《回应性监管理论及其本土适用性分析》一文中介绍"金字塔理论"，认为政府要综合检视产业结构、被监管者动机、自我监管能力等方面的差异性来决定监管的时机和手段。其中，针对作为微观个体的被监管对象，金字塔底端的"劝服"应当作为政府多数时候的监管措施，政府应视效果的减弱而渐次提高强制措施的严厉程度，即从警告到民事处罚、刑事处罚、吊扣执照，直至吊销执照。就"劝服"这样的柔性执法而言，卢超在《社会性规制中约谈工具的双重角色》一文中指出，约谈工具作为一种监管合规机制，在实践中有助于促进市场主体的合规行为。首先，作为"金字塔理论"的底端手段，相比于"金字塔"上部的威慑惩戒机制，劝服模式的执法成本相对更低，能够节省大量的组织资源与社会资源；其次，威慑惩戒模式更容易诱发监管者与被监管方之间的不信任与对抗，滋生更多的繁文缛节以弥补法律漏洞；最后，在科技与环境高速发展变化的行业领域内，在无法确定现有法律能否跟上时代发展的情况下，监管方优先采取劝服模式比优先采取惩戒机制更为适宜。在食品安全监管领域，对于中小企业而言，劝服程序作为一种单方化的磋商过程，在整个执法金字塔的底端，其本身也是细化法律规则，实现规制方与被监管方的沟通交往，明确规制合规目标的过程，相比于执法金字塔体系下更为上层的正式化制裁措施，规制方通过劝导教育机制，往往能够更有效地实现食品安全规制目标。对此，学者徐景波在《完善食品安全责任约谈制度的思考》中也强调了食品安全责任约谈的作用，既实现了食品安全监督方式由事后的处罚打击型向事前的服务监督型的转变，也有利于推动服务型政府的建设。在促进企业合规管理方面，食品安全责任约谈制度充分尊重和保证了约谈对象的主体地位，这是将以人为本作为食品安全监管指导思想的重要体现。食品安全责任约谈有助于强化约谈对象的法律责任意识，督促其加强管理，防范危险事故和违法行为的发生。

此外，同样是从合规角度，孙娟娟在《破解〈食品安全法〉"免责条款"适用中的困境》中分析认为，《食品安全法》第一百三十六条针对食品经营者的"尽职免责"条款被视为新修订《食品安全法》的亮点之一。当食品安全立法和执法都践行"最严"的理念时，这一规定体现了"过罚相当"原则和基于主观过错而科以行政处罚的公平性。同时，也考虑了行业"多元主体责任共担"的合理性，即如何合理界定"产出"食品的责任和"售出"食品的责任。就实务而言，安全食品首先是"产"出来的，这意味着生产者需要通过过程管理预防食品安全风险，并通过产品的出厂检验确保食品的安全性。作为把控"市场准入"的主管部门和食品经营者，则需要借助各自的管理制度来保证安全的食品进入市场，并及时对问题食品采取措施。这方面的制度包括官方的监督抽检制度和食品经营者所负有的索证索票和说明进货来源等义务。食品经营者针对销售、仓储的管理制度和人员培训等义务的履行，以及监管部门对于这些义务履行情况的检查也是确保全程食品安全所需要的。同样，学者安永康在《以资源为基础的多元合作》一文中也指出了政府主体还可以利用自身在权威或财富上的优势，为其他监督者提供激励或者保护。其中一种形式便是政府规制机构在其日常监督管理过程中考虑买方企业对供货方的监督活动，考虑食品生产经营者接受第三方机构监督的情况，以此来激发买方企业和第三方机构在监督过程中的作用。这方面的域外经验是英国食品安全立法当中引入"合理注意义务"免罚条款，在当事人已经采取了所有的合理检查措施或者合理地信任了供货商的检查机制等条件下，可以免受规制制裁。该条规定不仅强化了食品企业的监督责任，也激发了大量第三方认证与检测服务的发展。相类似的制度便是《食品安全法》第一百三十六条的免罚条款。

4.2　规范分析：食品安全国家标准

作为监管工具，作者安东尼·奥格斯在《规制：法律形式与经济学理论》中认为标准是社会性监管领域最主要的形式。与事前审批和信息监管相比，其干预强度居中。而且，根据目标标准、性能标准和规格标准的分类，干预强度又依次增强。当选择标准作为监管工具时，学者赵鹏在《风险社会的行政法回应》一书中就提到了标准是成本较大的一种监管工具，如政府为保证标准科学性需要在信息收集、分析方面支付大量成本。而且，消费者偏好是高度多样化的，如果标准制定者以家长主义的姿态干预，结果往往是限制了消费者的选择。因此，在一般情况下，当强制性的标准更适合于消费安全的保护时，对于不涉及健康风险的其他质量问题，可以选择信息规制来要求经营者披露就足以解决问题。相应地，一方面，根据《食品安全法》，食品安全标准应当以保障公众身体健康为宗旨，做到科学合理、安全可靠。而且，除了食品安全标准这一强制执行的标准，不得制定其他食品强制性标准。另一方面，除食品安全标准外，我国与食品相关的标准还包括食品质量标准。樊永祥等在《建立中国食品安全治理体系》的"标准"章节中就指出食品作为一种工业产品，应当有相应的质量、规格、等级的标准，用于指导企业生产；更应当具有安全、卫生的要求，以保障消费者健康。这其中包含食品质量和食品安全两个层次的内容，无论是食品质量标准还是食品安全标准，目前都统称为食品标准。除食品安全标准外，在食品领域还由其他推荐性标准组成了庞大的食品标准体系。概括来说，食品相关标准主要分为国家标准、行业标准、地方标准、团体标准和企业标准，除食品安全标准外，其他皆为推荐性标准，并根据其类别，由不同的政府部门负责。

就食品安全国家标准而言，怎样科学、合理地既可以实现安全保障的作用又不至于带来过高的监管和合规成本？学者应飞虎在《公共规制中的信息工具》中提到一个程序上的应对方式就是尽可能让所有的利益主体以不同的方式参与监管决策，这虽然不能保证找到完全匹配的工具，但却能避免不匹配的工具采用。事实上，这一程序的开放性和外部参与对于政府监管主体而言也是有利于提升监管智慧性和回应性的。根据《食品行业协会：在政策法规中的角色和价值》一文的分析，设计有成本效益的食品法规需要拥有技术、科学、法律技能，并了解食品企业工艺和操作流程的专家。政府立法部门可能拥有科技专长但他们很少深入了解食品企业运行及其限制条件（技术的和商业的）。这正是食品法规制定过程中食品企业磋商的重要性所在。食品企业能够在食品法规的潜在影响和成本方面，以及在如何满足规制目标的同时确保可操作、有成本效益地实施，向政府提供建议。当企业能够协助发展中国家政府最大化资源分配和提升技术能力时，其在这方面能够提供的科学和运行的专业知识可能尤为有益。跨国经营的公司和拥有国际联系的食品行业协会也能对全球良好监管实践提供洞见。

实践中，相关监管部门日益重视法律规范和技术规范制定环节的外部参与。以食品安全标准制定为例，根据《食品安全国家标准管理办法》，一是在立项环节，任何公民、法人和其他组织都可以提出食品安全国家标准立项建议；二是在制定和修订等计划前，应当向社会公开征求意见；三是针对标准起草，提倡由研究机构、教育机构、学术团体、行业协会等单位组成标准起草协作组起草标准；四是食品安全国家标准草案经审查后应当公开征求意见等。相应地，食品生产经营者可结合自身的技术规范诉求，在多个环节参与食品安全国家标准的制定和修订。正如孙娟娟在《食品安全合规制度的设计与发展》中所评议的：官方监管工作的逐步开放和透明化为企业合规人员的决策参与提供了契机，这包括食品安全法律的开门立法和食品安全国家标准制定应当广泛听取食品生产经营者意见的要求。当企业合规人员的作用在于"内连接"和"外连接"时，对于后者，其不仅可以向外传达企业合规的意愿和行动，也可以通过参与规则制定来反映企业对于规则合理性的诉求，进而提高规则的可操作性。

4.3　良好实践

案例 1　伊利：集团标准化的管理体系

伊利集团是中国规模较大、产品品类较全的乳制品企业。当前，标准化的广度和深度深刻影响着生产力发展的速度和质量，标准化水平折射出一个国家或地区的创新能力乃至综合实力。伊利集团是乳制品行业第一批国家消费品标准化试点企业。为此，推进全面实施标准化战略，就是以标准共建共享和联通，支撑和推动科技创新、制度创新、产业创新和管理创新，加快促进技术专利化、专利标准化、标准产业化，不断夯实创新发展的基础，以标准打造乳业标杆，为行业高质量发展贡献智慧。在全面推进标准化工作方面，伊利探索出"建立标准机制、参与标准制定、促进标准提升"三位一体的标准化体系，不断提升自身的核心竞争力，为企业发展带来全新的动力。

一、　标准化体系

随着经济全球化浪潮，标准正在成为世界"通用语言"，促进中国标准和国际先进标准体系之间的相互兼容刻不容缓。可以说，标准已成为全球制造业、国际贸易乃至世界经济的必争之地。质言之，"得标准者得天下"，谁掌控标准话语权，谁就能占据产业主导权，拥有市场主动权。对于标准建设，我国《2019 年全国标准化工作要点》指出：2019 年是深化标准化工作改革第三阶段开局之年，也是标准体系建设之年。因此，加快建设推动高质量发展的标准体系，是中国企业的重要任务。对于如何更好地推动乳制品行业标准化建设，伊利的标准化战略就是要实现技术创新化、创新专利化、专利标准化、标准国际化。多年来，伊利集团董事长潘刚为伊利树立了"伊利即品质"的企业信条。在伊利品质观的指引下，伊利积极发挥龙头企业的引领作用，建立标准机制，推动标准应用，参与标准制定，促进标准兼容，积极推动中国标准"走出去"，助推行业发展，以高标准、高品质不断满足消费者需求。因此，"建立标准机制、推动标准应用、促进标准兼容"已经成为标准化体系构建的三个核心关键词。

作为第一个关键词，"机制"指的是要建立标准化的机制，为标准化建设工作打好基础、做好保障；第二个关键词是"应用"，指的是推进标准的创新应用，标准不仅要制定出来，还要应用起来；第三个关键词是"兼容"，就是要在"走出去"的国际化进程中，推动标准兼容，减少贸易壁垒。具体来说，一是为了更好地保障标准化工作落地实施，伊利建立了完善的标准化工作机制，为标准化建设工作打好基础、做好保障。同时，企业内部成立了标准化研究部门和工作小组，制定了《质量管理大纲》，不断强化标准化工作的基础。目前公司六大事业部全面实现了标准化管理，建立适合自身发展的"分事业部建设，集团统一管理"的标准化体系模式。对企业各个层面的标准化建设起到了重要的保障作用。二是伊利立足国内产业优势，积极参加国际和国内行业协会、标准化技术委员会等相关组织，并与其建立了密切的联系。在国内，伊利集团与中国乳品工业协会、中国食品工业协会、中国饮料协会等多个专业平台开展合作，承担行业标准化相关工作，对完善国家标准、构建乳品安全环境以及促进我国乳品行业的标准化、系统化、规范化发展起到了积极作用。伊利集团还承担着全国冷冻饮品标准化委员会秘书处的工作，该工作使企业参与到全国产业技术、行业标准化建设当中，为国内冷冻饮品行业持续、健康发展起到了重要作用。三是在国际方面，伊利集团成为亚洲首家加入冰激凌协会的会员。作为国际乳业联盟中国委员会会员，伊利集团承担着重要的技术工作。伊利集团还加入了亚洲食品工业协会、国际生命科学技术学会等，为推动国际标准化发展起到了积极作用。

二、 体系性建设：研发、生产和风险防控

伊利持续推进标准的创新应用。第一，在行业内首次提出"基础研发—技术升级—产品开发"的三级标准化研发体系，伊利集团三级研发体系的第一级是产学研合作平台，通过与高校、科研院所、机构、企业的合作解决行业的共性问题，推动行业和国家乳业的发展。研发体系的第二级是集团创新中心，整合并利用国内外技术资源，对未来有开发潜力的产品、技术进行研发，保证集团科研技术的国际先进性。研发体系的第三级是事业部的技术研发部，各事业部以满足不同消费者需求为研发宗旨，不断研发新产品，保证公司上市产品具有较强的市场竞争力。同时创建了标准化产品管理系统，这些重要的标准体系建设，都有力地推动了企业和行业的发展。

第二，在生产实践中，伊利集团大力推进标准的创新应用，通过标准化工作与智能制造高度融合，将标准应用于具体的企业实践中，实现技术创新、质量创新和管理创新的密切结合，为发展提供强大助力。例如，建立集团、事业部、公司三级数据扫描系统，同时在行业内率先设置了国标、企标、内控"质量标准三条线"。对于后者，伊利集团所有品类产品在国家食品安全标准基础上新增了两条控制线，即在国标线的基础上，伊利提升了50%的标准，当产品不符合企标线时按不合格品处置；伊利在企标线的基础上，又提升了20%的标准，制定了内标线，"内标线"是严于企标的控制线，全国任何一个生产基地出现异常情况时电子信息系统都会亮起红灯，集团第一时间就可以获得预警信息，总部会协助监督彻查原因并消除隐患。

与此同时，一方面，随着企业国际化进程的推进，结合集团"伊利即品质"的信条，2019 年公司开展了国际食品法典委员会、欧盟、加拿大、澳大利亚、新西兰、日本、韩国和中国等国家、地区和组织的 10 个乳制品类别标准对标工作，总结出公司现行内控标准需要提升和改进的指标项目，并在2019 年公司内控标准修订过程中予以落地实施。另一方面，2019 年公司内控标准的修订在"三条线"（国标线、内控线、预警线）管控成品安全质量的基础上，对标了全球最严的标准，并在科学、合理的基础上确定了产品的内控线和预警线，最大限度确保产品出厂后的合规性，提升了产品的品质。对于"瞄准"国际最优标准，持续升级全球质量管理体系，伊利于2014 年 11 月便通过 FSSC22000 食品安全体系认证，成为中国第一家全线产品通过此全球性食品安全体系认证的乳品企业。

第三，伊利集团通过食品安全风险识别、风险监测、预警、持续改善，建立适合企业运行的风险防控体系。针对乳品及其供应链可能面对的食品安全风险问题，伊利建立早期预警数据库用于风险识别，对早期风险开展监测，从而实现在早期阶段识别可能的食品安全风险因素，及时采取管控措施，避免食品安全问题的发生。伊利建立的早期预警系统，引入了国际权威食品安全风险信息数据库，包含欧盟、美国、澳大利亚、新西兰、日本等约 170 个国家、地区 30 个官方数据源近 30 年的食品安全信息，数据源包括国内外权威食品安全监管机构、主流媒体、食品安全学术网站等。应用该数据库，实时掌握全球食品质量安全风险信息动态，开展产品和原料的风险分析。

多年来，结合食品早期风险识别重点内容，伊利持续开展产品和原料的风险监测及评估工作，形成企业内部风险监测和评估体系。这些内容包括一是年度制定产品和原料的风险监测计划，并推进完成风险监测。结合风险监测数据，开展风险因子评估和风险等级划分，确定风险参考值，支持产品标准和原料标准制定。二是开展新原辅料风险识别与评估、风险预防控制措施研究。从原料的生产工艺、消费人群、配料等因素评价原料，用于原料等级划分和原料标准分级管理工作。在原料评价的基础上，优先对高风险原料开展安全性分析，分析角度包括由配料、生产工艺、供应商情况等方面可能引入的风险，同时，筛查数据库，获取原料可能涉及的风险。此外，推进原料风险因子等级划分工作，提出需重点关注的风险因子，为行业管理资源、优化分配提供依据，提升风险管控效率。三是开展了原料真实性鉴别技术与应用研究，从供应商关系、供应商掺假历史等 9 个因素分析原料脆弱性，制定食品欺诈缓解措施，有效识别可能掺假的高风险原料，防止食品原料掺假。

三、 结语

当前，为增加与消费者的黏性，伊利充分发挥乳业龙头的地位，深度挖掘消费者对于产品的多方面、多维度需求，争创一流标准，进而推动乳品行业甚至食品行业健康规范发展，计划构建"两平台一体系"，即全球标准法规咨询及信息支持平台和伊利标准化管理平台，并建立一套完善的标准化管理体系。具体内容为：通过建设全球标准法规咨询及信息支持平台，伊利集团将展开全球研发和市场布局，储备标准法规支持体系力量，逐步按照国际原则实现技术创新化、创新专利化、专利标准化、标准国际化的战略目标，通过打造伊利标准化管理平台，伊利集团将实现公司对产品的全方位管控，从原料到配方研发、合规审查、工艺设计及生产过程均做到电子标准化管理，实现企业跨部门、跨地域的产品供应、研发、法规、生产协同管理，以实现产品质量提升，提高企业的市场竞争力，同时标准化质量管理系统的升级，也将建立质量、安全可视化电子系统，帮助企业提高预测、预判、预控的能力，促进质量、安全生产管理从静态到动态、从被动到主动、从程序管理到工序管理的转变，从而推动质量、安全生产管理的创新。

在上述支持下，伊利将在未来几年内建成国内首座乳业标准化研究中心，打造一个开放的标准创新平台和一个公共的标准服务平台，形成一个技术标准创新的生态系统。推动科技创新和产业创新紧密结合，开展全球乳业标准化前沿动态研究、全球乳业标准化联盟运营、国内外法规环境建设、关键技术成果标准转化等举措，驱动整个乳业标准化生态系统的运行。通过乳业标准化研究中心和国家消费品标准化示范基地的建设，伊利集团将建立一套创新、领先的标准化管理体系。运用该体系，公司将充分发挥标准化的作用，实现企业的标准化、科学化管理；并建立标准化创新方法，形成标准助推质量提升新模式，最终引领同行业的其他企业推广应用。

案例 2 旺旺：合规的内部管理与外部参与

旺旺集团（以下简称"旺旺"）成立于 1962 年，前身为宜兰食品工业股份有限公司，1983 年创立旺旺品牌，1992 年正式投资大陆市场。经过多年发展，目前拥有 81 家工厂，涉及米果、牛奶、饮料、炒货、糖果、果冻、膨化食品、糕饼、米面、冷链等食品品类及塑料、空罐、纸箱等食品包装材料，业务足迹遍布全球 60 多个国家和地区。旺旺贯彻实施国家食品安全策略，严格遵守国家相关法律法规，从推行食品安全文化建设、建立专业的质量控制系统、打造优秀的质量管理团队、完善旺旺质量标准管理体系等方面进行。立志让消费者吃得安心、放心、吃得快乐，对民族食品有信心，成为中华民族食品工业正能量的传播者。

一、 规范先行：旺旺人的工作准则

企业内部合规的实践需要全员共治，为此旺旺设立专业的食品法规部门，从总部到地方工厂均配置了专业的食品法规人员，从事法规收集、解读、培训、产品标签审核工作。每当新颁布法律法规或发布新的意见征集稿时，食品法规人员会在一周内对该法规进行解读、提炼关键条款，由各工厂法规人员针对新条款在工厂内进行符合性自评，并向公司管理层提出不符合项。同时，旺旺还积极参与多项食品标准、法规的修订，以反映客观事实、促进行业进步为目的献言献策。

旺旺产品远销海外，包括日韩、东南亚、欧美、中东、非洲等多个国家和地区，因此产品不仅要符合国内的法律法规，也要符合出口国家相关要求。为此，旺旺在与海外客户交流的基础上，建立了海外法规资料库，至今收集了 41 个国家和地区近万份法律法规，涉及食品安全卫生标准、食品标签、过敏原等多方面。

法律法规不仅需要法规人员熟知，更需要把法规要求传达到每一个相关人员。旺旺通过阶梯式的法规拆解培训制度，把每一份法规、每一个相关条款拆解到不同岗位、不同层级员工，作为该岗位员工的必知必懂，定期进行内部考试。在这一针对性的培训制度帮助下，公司内部形成了浓厚且具有旺旺特色的食品安全文化氛围，全国各工厂主管均能够以优异的成绩通过监管单位的食品安全法规知识考试。

旺旺产品的食品安全合规性从产品设计开发之初就已经体现。研发人员除负责进行产品配方开发以外，还负责确保产品、原料的合规性，提供标签所需的配方、营养成分表等信息。其中原物料的合规性也是旺旺所关注的，公司特在采购单位以外设立了独立的原物料管理部门，对原物料及其供应商的合规性进行管控。在旺旺的合规理念中，原物料合规不仅指生产许可证的符合，还牵涉标签标识、产品宣称、验收标准等多方面的合规性。为此食品法规部会定期对研发人员进行 GB 2760、GB 28050、GB 7718 等基本标准的培训。

各类食品生产许可审查细则是食品制造企业的门槛，GB/T 27341—2009《危害分析与关键控制点》是食品安全管理的经典核心。然而随着时代的发展，原本的以 HACCP 为核心的食品安全管理理念已经渐渐发生变化，食品安全风险的来源也逐步从"意外"过渡到了"蓄意"，食品防护（food defense）、食品欺诈（food fraud）的加入也逐步完善了食品安全管理框架。在此基础上，旺旺导入 FSSC22000、BRC 等国际领先的食品安全管理体系，来提高工厂的质量管理水平。为满足新的食品安全管理要求，旺旺建立了《TACCP策划与实现程序》《食品脆弱性评估及控制程序》《食品过敏原管理程序》等一系列的管理规范。

旺旺的经销商分布全国各地，不仅是旺旺的重要伙伴，更是旺旺食品安全的"最后1公里"。为了确保这"最后1公里"，旺旺开展了"储旺"计划，为客户提供免费仓库整改服务，品质保证主管现场为客户培训仓库管理标准。同时通过微信平台，向上万家经销商普及食品安全相关的法规，涉及基本食品安全法规、仓储规范、鼠虫害防护、消费者客诉处理等。

二、婴幼儿辅食米饼的合规建设

婴幼儿辅食米饼是一种针对婴幼儿，以米粉为主要原料，添加适量的营养强化剂和其他辅料，经配料、蒸练、焙烤等工艺制成的，适于6月龄及以上婴幼儿直接食用或以适宜液体冲调后食用的辅助食品，属于特殊膳食食品类，产品营养和质量备受社会关注。在国内现行的食品法规体系下，合规生产销售婴幼儿辅食米饼，需满足GB 10769—2010《食品安全国家标准 婴幼儿谷类辅助食品》、GB 2760—2014《食品安全国家标准 食品添加剂使用标准》、GB 14880—2012《食品安全国家标准 食品营养强化剂使用标准》、GB 14881—2013《食品安全国家标准 食品生产通用卫生规范》《婴幼儿辅助食品生产许可审查细则（2017版）》、GB 13432—2013《食品安全国家标准 预包装特殊膳食用食品标签》《中华人民共和国广告法》等多项国家食品安全标准和相关法律法规，同时在实际生产中也以风险评估为基础实施食品安全管理体系。就婴幼儿辅食米饼的合规管理而言，旺旺的合规自主性不仅体现在将外部的法律法规和标准要求转变为内部的具体实践，也包括积极参与标准的制定和修订，以便为企业实践提供更具可操作性的规范要求。

（一）从企业标准到《婴辅谷物类食品生产许可审查细则》修订

原卫生部于2010年颁布了GB 10769—2010《食品安全国

家标准 婴幼儿谷类辅助食品》，当时实施中的《婴幼儿及其他配方谷粉产品生产许可证审查细则（2006 版）》并未全部覆盖标准所列的所有品种，例如罐装辅食、辅助营养补充食品、婴幼儿饼干等，此类食品只能以相似的普通食品类型申请许可。自 2012 年起，旺旺便启动了米饼类婴辅食品生产项目，希望这种以米粉作为主要焙烤原料，可直接食用的小包装食品，能够解决传统婴幼儿米粉需要冲调食用、外出携带食用不便的弊端，同时形状各异的食品又可训练婴幼儿的咀嚼能力。项目启动之初，旺旺即制定了严于国家标准的企业标准，除了婴辅食品的基础营养素之外，对菌落总数、大肠菌群、霉菌和酵母等卫生指示菌加严要求，并在附录中增加对关键原料（米粉、果蔬粉等初级农产加工品）质量指标的限定，并在地方卫生行政部门备案，主动邀请负责食品生产许可审查及体系检查的资深专家到工厂进行实地辅导，就生产场所、设备设施、设备布局、工艺流程、人员管理、管理制度等方面进行全面诊断，不断改善。2014 年国家启动《婴辅谷物类食品生产许可审查细则》修订，旺旺作为米饼行业企业代表积极参与和组织了多次实地调研活动，为起草组专家更好地了解行业特点和发展现状，使法规要求修订更具可行性提供便利和事实依据，例如在细则中"表 1 婴幼儿辅助食品生产许可食品类别目录列表"品种明细增加"婴幼儿饼干或其他婴幼儿谷物辅助食品（婴幼儿饼干、婴幼儿米饼、婴幼儿磨牙棒、其他）"，并同时考虑到产品工艺条件，将焙烤区域划分至准清洁区，并在"表 2 婴幼儿谷类辅助食品企业生产车间及清洁作业区划分表"中进行明确。

除了参与法规建设过程以外，旺旺同样注重合规要求的实践转化。《婴辅谷物类食品生产许可审查细则》自 2017 年发布后，旺旺即全面检查在工厂实践中存在理解偏差的条款，例如，"集团性公司的研发人员配置及组织架构如何合理合规""米饼设备如何全面评估先进性、适用性以满足细则要求"

等。为此旺旺就条款进行深入探讨和研究，并完美解决了这些问题。具体到管理规范的细节时，旺旺采用 FSSC22000、BRC等全球食品安全倡议（GFSI）联盟认可的食品安全管理体系，以风险评估为核心对每个环节进行评估、验证、规范，建立了例如《工作服、鞋清洗消毒规范》《产品放行人员授权办法》《风险收集与自查办法》等多项针对婴辅产品的管理规范。以《风险收集与自查办法》为例，工厂运用集团自制的风险评估工具，从原物料运输到产品出厂对整个加工制造过程进行风险评估，对风险进行分级，不同程度风险等级对应着不同的管理要求，对缺少数据支持的管理措施建立验证专案收集数据，及时调整管理措施。

经过多年对婴辅类食品法规、体系标准的理解、研究与转化，旺旺位于江西省上高县的集团首家母婴食品工厂于2020年6月通过了婴幼儿辅食米饼的生产许可认证审核。这是继2017年新细则出台以来，当地首家一次性通过特殊膳食生产许可审查的企业，同时也是全国首家获得婴幼儿辅食米饼生产许可的企业，此举获得了当地行政监管部门的高度认可。

（二）从实践挑战到《婴幼儿谷类辅助食品》标准修订

在 GB 10769—2010《食品安全国家标准 婴幼儿谷类辅助食品》中规定，婴辅食品主要原料为"一种或多种谷物（如小麦、大米、大麦、燕麦、黑麦、玉米等），且谷物干物占比25%以上"，而随着营养科学的进步、食品技术的发展，该要求限制了新产品的开发与创新。这种限制主要体现在以下两个方面。一方面标准限定了原料为谷物，而实际市售产品中很多使用如大米粉、小麦粉等谷物碾磨加工品/谷物制品。以旺旺贝比玛玛米饼为例，这种直接使用特殊工艺制成的大米粉相较于原料大米，在原料质量稳定性、产品货架期影响、产品的化口性（溶解性）等有着较大的优势。另一方面，限定的原料品种无法满足产品的创新需求。通过国内外婴辅谷物食品法规比较、研究发现，对于谷类辅助食品原料，国际食品法典委会（CAC）允许使用较少比率的豆类、淀粉根茎类食物，欧盟也允许使用淀粉根茎类食物，而行业内也一直在积极探索以薯类淀粉为主要原料的婴辅产品开发。

鉴于以上问题，在标准实施期内，旺旺就已向国家食品安全风险评估中心反馈标准执行问题，如婴幼儿饼干中亚硝酸盐检测方法的合理性、产品原料限定等问题。2017 年 11 月国家立项计划发布后，旺旺主动向主导修订单位反馈企业在标准理解和实际执行中的突出问题，并多次参与标准专项研讨会。经过两年多的反复探讨，该标准已在原料多样性、营养素种类范围、高淀粉谷物中亚硝酸盐检测方法等项目中达成了共识。

三、 结语

近年来，随着科学技术的发展、食品种类的增多、消费者对健康食品的关注，监管单位对食品安全的要求亦会日趋严格。面对这样的外部监管，旺旺坚信有能力、有意愿的企业应践行企业社会责任，自主提升法规研究的自驱力，在确保自身生产经营合规以外，也应当积极助力法规标准的建设，协助标准起草单位更好地了解行业特点和发展现状，使法规的制定和修订更加贴合行业实际又可引领行业健康发展。

案例 3　便利蜂：冷链物流与仓储的智慧化与合规管理

北京便利蜂连锁商业有限公司是一家自主研发的鲜食和非鲜食的流通商品便利店服务企业。考虑到短保质期的鲜食类产品与通常的预包装类食品不同，如具有保质期较短、即饮即食、现制现售、可热食可冷食或常温食用的特点，便利蜂打造了以短保质期商品为核心的冷链物流体系，通过更为严格的储存和运输温度要求以充分保证该类食品的安全和营养。便利蜂从创建初期就以科技创新为宗旨，以电子化、数据化和自动化等智慧管理手段为依托，积极探索和开展了冷链物流服务体系的全程追踪、实时温控、智慧驱动等一系列管理措施，使冷链物流的信息化、标准化水平大幅提升，基本实现了冷链物流的

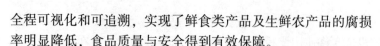

全程可视化和可追溯，实现了鲜食类产品及生鲜农产品的腐损率明显降低，食品质量与安全得到有效保障。

一、 智慧化冷链物流与仓储的体系建设和合规管理

便利店作为流通领域的终端销售平台，其产品主要来自上游供应商。冷链物流是保障和实现食品安全的关键和基础，将数据驱动和科技创新等一切手段应用于冷链物流和供应链全程管理是今后零售企业发展的主要竞争力之一。鉴于此，便利蜂首先对上游供应商生产环节的冷链要求进行明确的规定，并将具体要求通过标准化和书面的形式，作为对供应商审核及准入的关键控制点。例如，对厂家提供的冷链产品的储存温度、装卸温度和时限要求都进行了详细的规定，同时也将这些要求作为评估和筛选供应商的重要条件之一。再如，在标准中要求厂家对储存的成品、半成品的冷库温度，每天需进行至少两次温度检查，包括对冷冻和冷藏的储存温度；同时还要求厂家必须有低温封闭式月台，预冷温度至 7℃ 以下时方可装卸，月台暂存时间不得超过 30 分钟等详细规定。

当提供冷链产品的供应商经过便利蜂的严格审核与准入之后，便利蜂将启动全程冷链物流系统，对交付的产品立即实施冷链管控。例如，便利蜂的"共享交付中心暨大仓或总仓"，通过建立常温、冷藏、冷冻的独立温层仓储实现对多温区商品的系统兼容和运输共享及电子化批次管理。特别是对低温冷链商品的自动化分拣系统的建立与使用，充分保证了冷链商品的先进先出及按需分拣和配送，最大可能地提高商品的物流效率，从而在根本上保证了冷链商品的低温要求及质量安全。

便利蜂非常重视门店销售环节低温商品的储存和管理，这也是全面保障食品安全的最关键和最终环节。除了对具有温度要求并可能由于失温造成食品安全风险的关键设备设施进行温度的实时监控，包括室温、靠墙风幕柜、HC 冷热柜、后补冷饮柜、中岛风幕柜等，同时还在全天候的 24 小时经营过程中，通过自主研发的手机 App 等智能化设备设施，对上述设施的

温度变化进行远程监测并自动通知和提醒店长及时对失温产品进行处理。

在上述管理过程中，根据食品安全相关的法律法规和标准要求，针对冷链的合规管理涉及以下要点。

第一，针对上游供应商的准入管理时，考虑的合规要点包括供应商作为生产者，其在生产许可申请阶段便应确保冷藏设备设施，以及人员操作等行为规范符合《生产许可审查通则》及 GB 14881《食品生产通用卫生规范》的相关要求。此外，根据生产、加工的不同冷链产品类别，还须符合具体的标准、法规要求。例如，针对速冻食品，生产加工过程、工艺须符合《食品生产许可审查细则》及 GB/T 25007—2010《速冻食品生产 HACCP 应用准则》中的相关规定和要求；速冻食品本身也应符合 GB 19295—2011《食品安全国家标准 速冻面米制品》的要求。值得补充的是，对一些高风险的冷链即食类产品的生产许可，还会涉及一些地方规范。例如，《北京市冷链即食食品审查细则》、DB 31/ 2025《上海市食品安全地方标准 预包装冷藏膳食》，分别对冷藏温度及产品的保质期进行了相关规定。

第二，针对储存、运输环节，合规管理主要体现在以下三个方面。一是考虑针对冷链管理提出的基本要求、卫生规范等，如国家标准 GB/T 28577—2012《冷链物流分类与基本要求》和 GB/T 28843—2012《食品冷链物流追溯管理要求》。二是针对具体类别产品的技术规范，如行业标准 NY/T 2534—2013《生鲜畜禽肉冷链物流技术规范》、地方标准 DB 12/T 3014—2018《果蔬冷链物流操作规程》等。三是按照冷链物流的各个管控环节，还有针对特定冷链设备设施的具体要求和操作规范。例如，针对储存设备的国家标准 GB/T 24400—2009《食品冷库 HACCP 应用规范》、针对运输车辆或设备的地方标准 DB 12/T 3011—2018《冷链物流 运输车辆设备要求》。

第三，在门店售卖的终端环节，考虑的合规要求主要集中在过程管理方面，例如 GB 31621—2014《食品安全国家标准 食品经营过程卫生规范》，其中主要对经营者的硬件条件，重点包括冷藏冷冻设备设施的要求进行了规定，同时对一些现制现售类产品的食品安全操作规范，包括对冷藏冷冻产品在门店的储存、解冻、复热、保温都进行了规定。

从上述合规管理来看，与冷链和仓储相关的规范要求散见在不同位阶的法律法规和标准中，且包括了不同层级的推荐性标准。当这些细化的技术性规范可为实践提供管理指引时，便利蜂的探索还包括参照一些其他地区的成熟经验来强化对冷藏冷冻食品的安全管理。例如，与中国大陆饮食习惯比较接近的中国澳门、香港地区，也按照产品类别，分别对冷藏冷冻产品在门店的操作进行了非常具体和详尽的规定，并发布了《食品卫生技术指引》，包括《原料采购及接收》《储存》《解冻、粗加工及切配》《加热烹调及冷却》《凉菜配置》《裱花操作》《现榨蔬果汁及水果拼盘制作》《生食海产品加工》《点心及甜品加工》《食品展示》《食品再加热》《餐用具卫生/一次性餐用具》等。

二、 实践真知助力食品冷链物流标准的制定与应用

2019 年 7 月 22 日，由国家食品安全风险评估中心、中国物流与采购联合会冷链物流专业委员会等牵头起草的《食品安全国家标准 食品冷链物流卫生规范》强制性国家标准向社会公开征求意见。该标准规定了食品在冷链物流过程中的设施设备、交接、运输配送、储存、人员和管理制度、产品追溯及召回等方面的基本要求和管理准则，适用于产品出厂后到销售前需要温度控制的各类食品的物流过程。作为国内第一项冷链物流强制性国家标准，该标准在立项开始就受到社会各界相关企业的关注和重视，且通过专家研讨会等方式为企业参与研讨提供了平台。

便利蜂作为新零售行业中的企业积极参与和组织了专题座

谈、实地参观智能冷链物流的管理方式，在标准制定初期为起草组和标准应用单位搭建了一个直接交流的平台，旨在使标准起草组的专家能够全面了解零售企业冷链物流的运行现状，为今后该标准的实际应用起到了非常重要的作用。尤其是对一些影响行业发展的重要问题，提出了具体意见和建议，并已在征求意见稿中被采纳。例如在征求意见稿中删除了原稿中的流通和经营单位须按照产品标签标识的温度要求储存产品的相关条款，以及标准的适用范围不应包括餐厅或零售终端的销售环节等要求。同时企业代表和标准起草单位达成共识并明确了以下几点原则：第一，标准的科学性，该标准的制定应紧扣"食品安全"的要求，同时也要考虑到行业的可执行性；第二，标准的应用性，允许多种流通和售卖形式，无须对各类产品规定具体的储存和运输温度，除非有特别声称的产品；第三，标准的可执行性，从监管和检查的角度，冷藏、冷冻可以规定一定的温度范围，而非针对某类具体产品做详细规定，避免造成日后不必要的监管纠纷；第四，标准的严谨性，冷链物流中，食品类和非食品类应该分开存放，生、熟也应分开。

从企业的角度来说，参与标准制定的初衷是在规则共建的合作中提高标准的可操作性，包括反映实践中存在的挑战和应对之策。以我国的冷链物流标准来说，由于存在法律法规与国家标准之间、国家标准与行业标准之间不协调、不统一的现象，零售终端在售卖冷藏、冷冻的产品时，就会经常出现信息标注不同的问题，如产品的标签上标示不同的温度储存要求，甚至同类产品上的温度储存要求也并不一致。此外，零售终端使用的冷冻、冷藏设备设施的温度设定又非常受行业特点及设备厂家的初始设定的限制，因此导致零售终端很难满足每个产品标示出的不同的温度储存要求，也非常容易造成被职业打假、被监管甚至处罚的问题，这不利于零售终端环节的节能增效及可持续发展。

因此，诸如便利蜂这样的企业参与标准的制定可以助力标准起草组的专家更好地了解行业特点和发展现状，使国家标准的制定和修订更加贴合业界的实际情况。同时，标准制定也可以慎重地考虑易腐食品和冷链食品的安全管控问题，特别是微生物的问题。例如，微生物的生长繁殖在冷链状态下虽然受到抑制但并未被杀死等特点，因此在流通过程中，一旦冷链中断或发生失温等现象很容易造成残存微生物的急剧繁殖与增生，进一步造成安全隐患，甚至引发食物中毒等严重问题。因此，保障运输和储存过程的标准化操作及规范化管理是冷链物流过程中保证品质和安全的基本保证。为此，本次标准在制定期间坚持聚焦在从生产到消费全链条中的各个环节对关键控制点的管理要求。在这个方面，便利蜂提出的针对温度带划分的具体建议已被采纳。可见，该标准既体现了标准的先进性和严谨性，同时也兼顾到标准的应用性、可执行性。

三、结语

对于冷链的发展和应用，国务院办公厅《关于加快发展冷链物流保障食品安全促进消费升级的意见》（国办发〔2017〕29号）指出，一方面，随着我国经济社会发展和人民群众生活水平不断提高，冷链物流需求日趋旺盛，市场规模不断扩大，冷链物流行业实现了较快发展；另一方面，由于起步较晚、基础薄弱，冷链物流行业还存在标准体系不完善、基础设施相对落后、专业化水平不高、有效监管不足等问题。因此，鉴于既有的法律要求和技术进步，智慧化的冷链物流发展在成为新趋势时，要兼顾创新驱动和标准规范，以促进行业的健康有序发展。

对于上述发展，域外经验也表明，促进食品体系的可持续发展需要监管部门和行业共同努力，包括前者支持和鼓励后者推广和实施智能化冷链物流的实践与创新。例如，联合国世界粮农组织和以日本为代表的一些发达国家和地区，都在积极倡导和开展"通过强化冷链物流及延长鲜食类产品保质期等手段达到减少食物浪费"为目的的重要发展战略。例如，在日本，市场上大约 70% 的鲜食类产品都已经通过冷链物流的储存和配送提供给消费者，而常温类的产品从原来的几乎全部占比已经快速下降到目前的大约 30%，且这个趋势还将继续。实践中，我国的一些便利店企业也都已经积极开展了大量的围绕冷链物流技术的应用强化鲜食类产品的保质期的探索与实践，并已经取得了明确和显著的效果。因此，我国一些地方对冷链即食产品的生产许可审查细则和要求，也可进一步讨论和评估，也应鼓励企业通过应用冷链物流技术和手段，更加灵活地制定出相应产品的保质期，提升鲜食类产品的质量水平，更好地满足消费者的需求。

5

超越食品安全，
关注未来趋势

作为一个概念，食品安全所指是不断演进的，这可以体现为从安全的角度，危害可分别指向物理性危害、化学性危害、生物性危害及营养性危害。例如，我国《食品安全法》中"食品安全"的定义就涉及了营养健康，即食品安全除了指食品无毒、无害，也需符合应当有的营养要求，对人体健康不造成任何急性、亚急性或者慢性危害。相应地，除了《食品安全法》对婴幼儿配方奶粉等特殊食品的规范，最新的一项进展便是针对学校的食品安全管理，由教育部、国家市场监督管理总局和国家卫健委颁布的《学校食品安全与营养健康管理规定》也从规范层面凸显了营养健康的重要性。但与对化学性危害等的关注相比，当下的监管实践依旧未足够重视营养健康。另外，从食品本身来说，考虑到食品源于自然环境，以及食品作为动植物源性的终产品，食品安全并不是孤立的，而是与环境安全、动植物安全息息相关。因此，食品行业发展在于始于食品安全并超越狭义的食品安全观，即从营养健康、动物健康等更为宽泛的视角来满足日益多元化的消费需求和食品体系的可持续发展。

5.1 食品安全与营养健康

在很多人看来，只有解决了温饱问题和饮食安全，才能谈及食品营养问题。而且，很多时候，国家有义务干预粮食安全和食品安全，以保障公众的生命健康。比较而言，是否摄取营养更多是个人自主与自律的选择，与饮食方式的正确与否相关。然而，无论是科学研究的发展还是各国实践的经验，重视食品营养问题，并通过国家和个人的多重干预来保障并促进健康，才能综合解决与营养相关的食品安全问题，并通过改善营养来增强国民身体素质和实现健康中国的战略目标。

一、从安全到营养：专业认知的演变与现实挑战

食物之于人类的一个重要意义在于，其能为人类的生长发育提供所需的营养素。一如大头娃娃事件中的深刻教训，如果蛋白质摄入量无法满足婴儿生长需要，便会导致婴儿患上营养不良综合征，进而出现脑袋偏大等健康问题。正因为如此，食品安全不仅仅是指食品无毒、无害，同样也要求食品符合应当有的营养要求，不会对健康造成任何急性、亚急性或慢性危害。

其中，针对应有的营养要求，需要特别指出"生命早期1000天"的重要意义。概言之，在从怀孕开始到儿童2岁这一时期，要保证充足的营养，因为这是儿童发育的第一个关键阶段，影响着胎儿的正常发育、幼儿的体格和大脑发育，以及儿童的认知和学习能力等，而且，孕产妇和婴幼儿的营养健康水平也将直接关系到婴幼儿此后一生的健康状况。

此外，在论及食品不安全及其所致的慢性危害时，营养干预同样重要。因为营养不良这一认知已经有了新的变化，过去对于营养不良的认知仅仅限于营养不足或者由缺乏某一营养素导致的隐性饥饿，当下所指营养不良一并包括了营养过剩问题，由其引发的超重、肥胖及随后导致的糖尿病、心血管疾病等慢性食源性疾病在缩短人类寿命的同时也造成了社会经济负担。

曾经，我国面临着用有限的土地资源来养活庞大人口的压力，现如今，在粮食得以保障之余，又面临着对食品安全监管的压力，尤其是需要通过持久的努力来恢复国人对于食品行业和政府监管的信心。在此背景下，食品营养依旧是专业人士关注的小众议题。但是，据中国社科院食品药品产业发展与监管研究中心发布的中国肥胖指数，中国有4600万成人肥胖，3亿人超重，成为世界第二大肥胖国，人数仅次于美国。一个主因便是膳食结构不合理，尤其是"三高"型的饮食偏好，即高油、高盐、高糖的饮食。当饮食，尤其是食物营养不仅仅是健康的重要基础，同样已经成为重要的健康影响因素后，"对症下药"的保健和促健工作理应包括与营养相关的工作。

二、 从政策到立法：国家干预的强化与"健康入万策"

就我的营养干预而言，1994 年国务院发布的《食盐加碘消除碘缺乏危害管理条例》，1997 年国务院办公厅印发的由卫生部等 11 个部门联合制定的《中国营养改善行动计划》，2000 年农业部、教育部等多部门发布的《关于实施国家"学生饮用奶计划"》等，都表明了国家对于营养健康问题的关注。然而，针对人群的有限性、整体计划的实施困难都使得我国的营养干预尚未从顶层为相关工作的落实提供体系性的制度安排。所幸，宏观环境在不断变迁，包括国际层面对于重视营养健康的不断呼吁，各类营养健康问题的日渐凸显和国外营养立法的发展，以及我国从优先发展经济到重视经济、社会、环境可持续发展和强调把人民健康放在优先发展的战略地位，并确立"健康中国"这一国家战略，这些都强化了我国对于食品营养的干预力度，促成了相关政策和立法的相继出台，由此，为具体工作的开展提供了制度支持和行动指引。

宏观而言，习近平总书记在 2016 年 8 月全国卫生与健康大会上指出了健康的重要性，并对新形势下的卫生与健康工作提出将健康融入所有政策等要求。相应地，2017 年出台的《健康中国 2030》规划纲要也已成为今后 15 年推进健康中国建设的行动纲领。对于这些覆盖重大疾病防控、少年儿童健康、重点人群健康、健康文明生活、心理健康的"大健康"认知和行动规划，营养健康的重要性分布在多个方面，如通过引导合理膳食防控慢性疾病，通过加强学校、幼儿园、养老机构等营养健康工作的指导来改善少年儿童和重点人群的营养健康等。在这个方面，国务院办公厅于 2017 年发布的《国民营养计划（2017—2030）》已经明确了该段时期内国民营养工作七项实施策略，包括完善营养法规政策标准体系、加强营养能力建设、强化营养和食品安全监测与评估、发展食物营养健康产业、大力发展传统食养服务、加强营养健康基础数据共享利用、普及营养健康知识。

除了上述政策的渐进性配套，当前对于营养健康工作日渐重视也已体现在以下多个方面。第一，在 2018 年的机构改革中，国家卫健委作为健康领域的主管部门，其在保留食品安全标准与检测评估司的同时增设了食品营养处，进而为营养健康工作的推进提供了组织支持。第二，结合既有的监测和评估，《国民营养计划（2017—2030）》合理细化了提高营养健康的主要目标，并以量化和可考核的方式进一步督促相关部门落实工作。第三，在既有的立法中，已经体现了诸多部门对"健康入万策"和营养健康的重视，如教育部、国家市场监督管理总局和国家卫健委于 2019 年共同发布的《学生食品安全与营养健康管理规定》就要求围绕采购、加工、供餐等关键环节，保障食品安全，促进营养健康。

三、 从意识到行动：促进社会共治与引导个人选择

理论上来说，无论是健康还是营养干预，都既涉及国家基于公众健康的官方规制，也关联个人基于健康诉求的选择，挑战便是如何确定国家监管干预的程度，以便在健康权、营养权等方面平衡市场及个人的自由与国家尊重、保护和促进权利实现的义务。就我国政府对营养的干预而言，《食品安全法》本身便要求以强制性的国家食品安全标准来规范专供婴幼儿和其他特定人群的主辅食品的营养成分，以及与卫生、营养等食品安全有关的标签、标志、说明书。在此基础上，随着国家营养干预的强化，尚需理清的是何为与食品安全相关的营养要求，以便确定国家立法和强制性标准干预的范围，并借助部门、行业等推荐性标准来促进食品企业在营养方面的自我监管。

以《学校食品安全与营养健康管理规定》为例，实现营养健康的管理同样需要多元主体的参与，这也是《国民营养计划（2017—2030）》共建共享的原则要求。例如，学校的营养配餐和营养教育都需要营养专业人员的参与，这就需要相关的学会、协会提高人才培养的力度；当中小学、幼儿园的食品经营场所应避免售卖高盐、高糖及高脂食品时，这既需要标

准等规则设定来定义何为"三高"食品，以便利基层执法，也可依托于食品行业的创新来优先研究食品中盐、糖、油用量与健康的相关性并采取适宜的减盐、减糖、减油措施。

最后，"健康中国，营养先行"不应仅仅只是行业内的共识，更应借助广而告之的宣传、教育成为公众共识，以使其通过改善自我的膳食结构，形成健康的饮食和生活习惯。对此，营养知识自身的更新迭代乃至前后矛盾，中餐饮食中偏盐、偏油的特色和近年来的重口味化趋势都将给营养管理工作带来挑战。也正因为如此，营养宣传及其管理应是一项长期的攻坚工作，并需要使其常态化、规范化。例如，通过生命早期1000天的营养健康行动以及从娃娃抓起的"食育"来培养科学的饮食观和合理的膳食搭配，进而使个体一生受益，并由此为健康中国奠定基础。

5.2　食品安全与食品欺诈

当下食品监管面临这样一个悖论：在我们这个时代，当食品数量不再成为问题而质量也更胜从前时，为什么安全相关的问题却越来越多？食品欺诈（food fraud）问题的愈发突出是一个原因。食品欺诈并不是一个新问题，但又再次成为新的关注点。对此，一是食品行业本身的发展给欺诈提供了更多的机会。在"从农场到餐桌"的全程供应链中，环节之多、人员之众、区域之广，以及食品数量和种类之繁多也意味着更多的造假可能性。而且，跨地区、跨国的监管差异，尤其是检查的频率和严格性的差异也导致了掺假的可能性。二是随着对药品的从严监管，食品欺诈等食品犯罪则显得风险相对低、利润又很高，因而也越来越受到犯罪集团的青睐。而且，鉴于公共资源的有限性，对不涉及安全问题的食品犯罪的打击力度和处罚力度也相对有限。三是科技在食品欺诈中的作用表现为"能造假也能打假"。一如早期化学分析和研究人员对于食品掺假

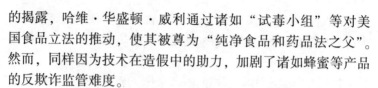

的揭露，哈维·华盛顿·威利通过诸如"试毒小组"等对美国食品立法的推动，使其被尊为"纯净食品和药品法之父"。然而，同样因为技术在造假中的助力，加剧了诸如蜂蜜等产品的反欺诈监管难度。

一、 食品欺诈与食品安全欺诈

作为一个概念集，食品欺诈的形式多样，如掺杂使假、信息标识误导等。其中，早期食品立法中使用的术语食品掺杂使假（food adulteration）有多种不同的定义，例如在食品中掺入一种或多种物质使其实际情况与销售名称不相符合，或者为增加质量、体积而故意添加其他物质且未告知消费者，或掺入任何有毒或有害的物质。对此，美国 1906 年《纯净食品法》将降低、减少质量或规格含量，一种物质全部或部分替代，有价值的成分被全部或部分替代，含有有害健康的有毒或有害成分等情形都视为食品掺杂使假。

由此观之，一方面，早期立法针对食品欺诈的定义或类型化并没有明确区分掺杂使假的主观意图，即在官方对入市食品进行检查时，如通过食品检验发现上述情形，便可认定为食品掺杂使假，并进行相应的处罚。然而，随着对安全和风险的认识，尤其是鉴于风险可以管理但不能完全消除的认识，食品中存在的可能导致健康风险的物质被视为一种客观存在。相应地，食品污染（food contamination）这一概念被定性为：任何非人为加入食品或食用动物饲料的成分，由于食品或饲料的生产（包括作物种植、动物饲养和兽医用药等行为）、制造、加工、制备、处理、填装、包装、运输或保存，或因环境污染而进入相关食物或饲料。对于这一问题，过程中的危害分析和关键点控制体系以及终产品中的污染物限量要求是确保食品安全作为可以接受风险的监管手段。不同于此，尽管食品欺诈是长期存在的问题，但当食品欺诈再次成为关注点后，"故意"成为食品欺诈不同于食品污染的特点，尤其是经济驱动型掺杂使假被视为突出的食品欺诈类型。由此，不仅故意这一动机成为欺诈的特点，基于获取经济利益还是损害公众健康的动机也成为区分食品欺诈和食品安全（food safety）的特点。

另一方面，即便仅仅只是食品的立法和执法领域，也已经形成诸多与食品相关的概念，食品欺诈与它们之间的关联及差异可做如下归结。其一，尽管经济性的动机被用以区分所谓的经济驱动型掺杂使假和食品安全，但是食品欺诈之所以受到关注也是因为其对公众健康存在直接或间接的影响。例如，美国在2009年前后开始关注食品欺诈，原因一是三聚氰胺事件的教训，二是美国审计署有关海产品欺诈的报告。其中，前者无疑是危害人类健康的食品安全事件，后者则被认为是基于经济利益的欺诈，如通过注水或者加冰增加重量，替换高价鱼类品种等。其二，就食品质量（food quality）方面的欺诈而言，上述高价值的鱼类被廉价品种替换，便影响了消费者对于食品质量的诉求。此外，欧盟将传统文化、地域特色视为实现农产品价值的增值手段，并通过针对食品的成分要求和质量标志的立法避免消费者被假冒行为误导。根据欧盟2015年的食品欺诈网络活动报告，食品欺诈中的主要问题是标识方面的违规行为。而根据意大利中央农产品质量保护和反假冒伪劣监察局2016年的报告，该部门在反欺诈检查中发现葡萄酒和橄榄油是欺诈数量最多的产品，如产地真实性方面的欺诈。但需要指出的是，即便是针对食品质量的欺诈，也可能会影响到食品安全。例如，水产品的经济性欺诈主要是以次充好，但由此掺入的化学毒素、过敏性物质也会带来健康危害。其三，食品造假（food counterfeiting）也是一个被经常使用的概念，但食品欺诈的范围更广泛。就造假而言，这一类的欺诈主要是指侵犯诸如商标、专利、设计等知识产权的违法行为。但应当指出的是，这一类欺诈除了导致权利人的经济损失，也会导致消费品的健康和安全风险。其四，除了食品掺杂使假，食品的错误标识（food misbranding/mispresentation）也被视为欺诈的主要形式。例如，早期的《美国食品纯净法》将以下情形都规定为错误标识：仿冒另一种物品或以另一种物品的特有名称出售；包装信息被篡改、内容不全、不能如实反映食品的种类或尺寸等；外包装或标签上的陈述、设计等信息错误或者具有误导性。

即便直接或间接监管食品欺诈的法律很多，但是，在实际的监管中，面对技术型的食品欺诈，监管所依据的检测在发现欺诈问题时具有"客观不能"的劣势。因为，其一，欺诈的技术考量是为了规避检查，因而掺杂使假的食品与真实食品极为相似，进而导致了检测本身的"真假难辨"困境。而且，与监管部门的检测手段相比，造假技术往往先行一步，前者的滞后性与后者的"先进性"也导致了官方检测的"后知后觉"。其二，尽管也有许多可用于检测食品是否掺假的技术手段，但是应用成本之高、用时之久，以及对于人员能力和实验室配备的要求也限制了其在日常检查中的使用。其三，当官方的检查侧重于食品安全时，消费者对于质量方面的欺诈也可能不具有鉴别力。此外，监管资源的有限性使得问题导向的监管可以集中资源应对关注度高的食品问题，这一"主观能动"使得食品安全成为各国现有食品立法和监管的主要议题，而直到经济驱动型的食品欺诈危机出现才使得主管部门重新意识到这一问题。例如，在马肉风波之前，食品欺诈并不是欧盟乃至成员国立法和执法优先关注的议题。同样，在有关水产品欺诈的报告中，美国审计局也指出美国食品药品监督管理局的首要目标是食品安全，而对欺诈相关的问题仅投入了有限的监管资源。例如，该机构每年仅对 2% 的进口水产品进行检查，相应地，这也限制了其发现水产品欺诈的能力。但正如其所指出的，欺诈也能导致食品安全问题。

二、食品完整性（food integrity）/诚信

英语 Integrity 一词的中文译文往往用于道德层面的品德评价，如正直、完美、诚信等。从其词源到后续的拓展延用也有指出，鉴于该词的完整原意，其强调道德层面的完美无瑕。作为美国品德教育中的内容之一，Integrity 要求有道德的人根据

自己的信仰行事，而不是因为时间场合的不同而采用不同的道德标准和判断原则。中国文化中对于品德的要求就是一个人要诚实守信，这就是社会主义核心价值观之一的诚信。

从一般的品德定位到食品行业内，Food Integrity 的提出旨在促进食品安全、食品真实、食品营养等，以实现食品供应链内的增值发展和由此而来的消费信任。为此，欧盟曾借助2014~2018 年的一个项目中，探索何为 Food Integrity。根据该项目的研究，Food Integrity 是一种完整、无损、完美的状态。对于保障食品完整性，同样需要依托于技术手段并借助协调发展来促进全球食品完整性的发展。而且，要促进这一研究，生产经营者、研究人员、政府监管者、消费者等利益相关者的参与是不可或缺的，其间包括他们的信息共享、专业互助等。可见，这一研究着眼于食品本身的完整性。因而，在具体分工中，涉及的研究专家主要从事食品真实性研究，包括技术检测、化学分析、食品追溯等。

《美国药典》的相关研究也是从食品成分的角度入手，探索食品完整性，即研发一些工具来帮助生产者、监管者以及其他从业者来评估食品成分的质量，如身份识别、纯净度和含量以及是否存在污染物等。从食品安全角度来说，这样的食品真实性至关重要，因为食品组成的知晓度直接关系到食品的安全性，如果混入了未知的成分，且不知道其具体涉及了哪些食品及其是否安全，很可能影响消费者的健康安全。以维生素 A为例，其指向一组不同的化合物，如视黄醇、视黄酸和几种胡萝卜素，其中最为人知的便是 β-胡萝卜素。这些化合物在稳定性、生物利用率、异构性和其他重要的参数方面都各有不同。因此，有必要针对不同的化合物采取相应的分析方法来评估其纯净度和特性，即在确定某一化合物的真实性时需要特定类型的检测方法。鉴于此，需要解决的问题包括在论及维生素 A 时，应该采用哪些标准来涵盖哪些内容，检测的目的究竟是为了什么等。

综上，食品完整性的一个理解视角就是针对食品，强调其成分方面的安全性、真实性。这与反食品欺诈的内容相似。例如，从事食品欺诈研究的克里斯·艾略特（Chris Elliott）教授给出食品完整性的定位为："其意味着我们生产的食品是安全的，真实性得以保障且具有营养，我们用以生产食品的体系是可持续的。此外，我们生产食品的行为是符合最高道德标准的，我们尊重环境和那些从事食品行业的人。"可见，与既有的食品安全、食品真实、食品营养等概念相比，Food Integrity 的概念更具综合性，一是从食品研究议题来说涉及了供应链中各环节和各主体关注的食品化学性和微生物性安全、食品原产地真实性和营养质量要求。在此，一个重点关注便是检测技术的应用。二是不限于食品行业自身发展，也通过尊重环境和对可持续发展的诉求来寻求食品体系的持续发展。三是尊重也源于道德准则，包括产品之外对于行为和人员的尊重。

在上述基础上，对于行业而言，致力于保障食品完整性则不限于保障食品安全、食品真实、食品营养等直接目的，更重要的是以此来完善自己的合规管理和符合监管要求，并最终获得消费信赖。比较而言，在问题意识和技术应对方面，行业具有一定的先发优势。面对持续挑战，行业自身需要在和监管者的互动中塑造有利于保护消费者并利于自身可持续发展的政策和监管环境。例如，在玛氏全球食品安全中心将食品完整性作为聚焦领域之一后，就借助风险管理、能力建设等来应对食品完整性给食品行业和全球供应链带来的挑战。

但从食品角度强调完整性时，道德本身也是重要的行为守则，这又使得 Food 和 Integrity 的结合并不仅仅只是技术层面的保障安全、真实性。对于行业本身，Integrity（诚信）是值得珍视的企业价值和文化，这要求自上而下的各类成员都践行符合道德准则的行为，包括在彼此的合作中相互尊重，构建信任。正是因为这一层面的要求，食品完整性在我国的应用演变成为食品诚信要求，尤其是供应链的每位成员都要讲诚信，食品安全问题才能越来越好。而且，有关诚信服务的重点也转向了所谓的非传统食品安全问题的应对领域，即那些蓄意的食品欺诈问题，诚然，这些以经济利益为目的的欺诈可能不涉及食品安全，但同样因为缺乏监控、混入异物而对消费者健康造成威胁。因此，我们需要从食品诚信的角度关注食品自身的完整性和食品生产经营行为的诚实性，以保障消费者的经济利益和知情权。

三、 我国食品安全欺诈监管

鉴于上述趋势和我国自有国情，食品安全监管领域内的基本法目前主要定位于"食品安全"，但依旧因为食品问题的复杂性而在立法和实务中存在如何定性和区分食品安全、食品质量、食品营养等不同食品问题及其相应监管的困境。此外，诸法并行也增加了上述问题的难度，这包括针对食用农产品的安全和质量的《中华人民共和国农产品质量安全法》、针对食品质量的《中华人民共和国产品质量法》和针对食品安全的《中华人民共和国食品安全法》，以及禁止消费欺诈的《中华人民共和国消费者权益保护法》。在此背景下，立法层面曾试图通过《食品安全欺诈行为查处办法（征求意见稿）》来克服食品问题复杂性所导致的定义难、范围界定难等问题，并通过促进相关法律的衔接度来避免法律适用的不一致性。虽然这一部门规章随着机构改革未正式出台，但最新修订的《中华人民共和国食品安全法实施条例》为打击食品安全欺诈提供了治理工具。例如，针对非法添加的问题，该条例第六十三条规定，国务院食品安全监督管理部门会同国务院卫生行政等部门根据食源性疾病信息、食品安全风险监测信息和监督管理信息等，对发现的添加或者可能添加到食品中的非食品用化学物质和其他可能危害人体健康的物质，制定名录及检测方法并予以公布；针对技术检测的滞后性，第四十一条规定对可能掺杂掺假的食品，按照现有食品安全标准规定的检验项目和检验方法以及依照《食品安全法》第一百一十一条和本条例第六十三条规定制定的检验项目和检验方法无法检验的，国务院食品安全监督管理部门可以制定补充检验项目和检验方法，用于对食品的抽样检验、食品安全案件调查处理和食品安全事故处置。

5.3　食品安全与动物健康

　　动物源性食品是指源于动物产品加工而来的食品，是蛋白质这一营养素的重要来源。随着收入的增长和生活条件的改善，肉类、奶制品等产品的需求也持续增长。因此，保障动物源性食品的供给是粮食安全的内容之一。在我国，食品消费更有"猪粮安天下"一说。这同样意味着对于养殖户而言，猪等动物的饲养在保障自给自足的同时也为其提供了重要的经济来源。与此同时，动物疾病会因为间接感染人类或者对食源性动物的消费而带来公共健康风险。例如，沙门氏菌引起的食源性疾病是世界上最为常见的，而这些致病菌通常存在于动物肠道中。当被沙门氏菌感染的鸡蛋、家禽、牛肉和猪肉等食物进入供应链，人类一旦食用未经煮熟的这些食物，就可能导致感染而生病。当持续不断的食品安全问题引起公众对食源性危害的广泛关注时，欧盟的疯牛病危机、我国的三聚氰胺事件、荷兰的毒鸡蛋事件等与动物源性食品相关的食品安全事件也都加剧了公众对于动物源性食品的安全担忧。尤其是，这两年在多地暴发的非洲猪瘟和席卷全球的新冠疫情也反复表明了动物和公共健康之间的复杂关联性。鉴于此，政府监管改进的一项内容就是不断强化动物健康管理，包括饲料安全、疾病防控等内容，而监管的目的也呈现出促进农业和经济发展、保护公众健康和食品安全、保障动物健康和福利等多元兼顾的态势。

　　在上述发展中，一方面，"同一健康"概念的提出就是为了强调公共健康、动物健康和环境健康之间的关联性，包括疾病生态学中病因、宿主和环境三者之间的相互关系。例如，许多人畜共患病就是在人与动物、动物产品或常见载体的接触中感染的。因此，应对健康问题也需要一个综合的视角和多学科的互助。具体到食品安全，孙娟娟在《食品安全的立法发展：基本需求、安全优先与"同一健康"》中指出，当论及食品安全和健康安全时，需要一并考虑"同一健康"这一新的健康理念。因为鉴于动物健康与人类健康的关联性，以及在预防这些健康问题时所需要的跨学科合作，"同一健康"的理念强调了人类、动物、环境、健康的关联性，进而为各学科、各国际组织之间致力于解决食品安全、气候变化等问题提供了合作治理的方式。例如，兽医专家的传统角色是通过设定动物健康标准、监测农业生产合规情况等方式来防控动物疾病。在"同一健康"这样的理念下，他们也可以在保障公众健康、环境健康方面发挥更多作用，如针对抗生素使用、环境污染、良好卫生实践、可持续养殖方式等提供专业建议。

另一方面，针对动物健康管理，生物安全保障措施（biosecurity）日益受到重视，并被视为是实现动物健康和福利，保障从事后应急转向事前预防的基本制度安排。在此，生物安全更侧重确保人类行为不会危及其他动物。当欧盟动物健康战略突出预防胜于治疗时，有关动物相关风险预防、检测和危机管理中就提出了支持农场环节的生物安全保障、边境地区的生物安全保障等。其中，农场环节的生物安全保障是指采取隔离或者限制疾病传播的措施，其应由动物所有者承担这一责任。随后第 2016/429 号《动物健康法》进一步明确，生物安全是指各类旨在减少与传入、发生和传播动物源性疾病相关的风险的管理和物理性措施，这些疾病源于或者发生在某一动物种群或者某一场所、区域、隔离区、任何运输工具或者其他场所等。其中，物理性措施包括消毒、清洁、水源管理等，管理措施则是指进入动物场所的程序、设备使用程序等。

新冠疫情后，我国立法规划高度重视与动物健康相关的法律制定和修订，包括在《中华人民共和国生物安全法》中强化防控动物疫情的制度安排和大幅度修订《中华人民共和国动物防疫法》来完善既有的制度链条。在此基础上，一方面，对于食源性的动物，农产环节的动物健康管理可以说既能减少动物疾病和由此而来的经济风险，也能从源头确保动物源性食品的安全性和防控食源性的健康风险。另一方面，在食品体系日益侧重可持续发展的当下，"从农场到餐桌"的全程管理也应贯彻"同一健康"理念，兼顾动物、环境和人类健康。

5.4　食品安全与科技发展

创新有推陈或者出新的不同表现。对于食品行业，无论是使用新产品、新工艺还是改进既有的管理方式，背后或多或少有科学技术的支持。与此同时，面对新科技应用可能带来的技术风险，一方面，政府监管的理据在于防控由此而来的公共危害；另一方面，企业管理也会基于内外压力而将其纳入内部管理，以坚守食品安全的底线。此间，考虑到企业在自我监管中的技术和信息优势，政府也明智地改进监管方式，发挥生产经营者身处"前线"的风险防控作用。正因为如此，对于食品安全监管的特点，美国食品药品法律专家彼得·巴顿·赫特（Peter Barton Hutt）指出，食品和药品的百年监管发展史表明这一发展更多是由于科学进步而非法律制定。

就科技发展和科学进步如何改变食品行业而言，一是所谓"食品科学"这一门涉及范围很广的学科便是研究如何将基础科学和工程学的理论用于探索食品原料、食品营养、食品卫生、食品加工、食品保藏等。这些与食品直接相关的新科技不断带来新的生产方式和新产品，如生物技术的应用，或者当下热议的"人造肉"。同时，通信技术、网络技术等改变整个社会经济运行方式的技术同样作用于食品行业，改变了经营模式或者管理方式。在《2019年全球食品科技的七大发展趋势》一文中，因食品技术发展而正在发生变化的就包括源于天然提取物和益生菌等新成分的功能性饮料，也涉及基于数字化的个性化饮食和在线健康食品。无论是回应这些趋势还是引导它们的发展，食品企业的焦点在于根据这些市场信号和创新应用来获得先动优势。在优化营商环境的导向下，政府也对新业态等创新采取包容审慎的监管方式，平衡创新和风险监管。

二是技术风险源于新技术的应用，但新技术本身也为解决这些技术风险提供了可能，如为事后的食品检查提供检测工具，为事前的风险评估提供分析工具等。而且，食品企业和监管者都可以通过这些技术助力来分别优化企业管理和政府监管，并通过数据共享等促进彼此间的合作。例如，当美国食品安全监管借助"智慧食安"时，监管者就意识到了科学技术创新给食品体系带来的变化和由此而来的监管挑战与创新可能。例如，全基因组测序已经改变我们发现和应对食品中微生物污染的问题。这一技术也使发现与人类疾病相关的食品污染源头更加容易，并优化了食源性疾病的发现机制，包括原本无法发现的疾病问题。随着全基因组测序这一技术可获得性、支付性和便捷性不断得以改善，其应用也会越来越广泛。

三是智慧监管也同样成为我国优化食品安全治理的新方向。这既包括企业通过应用新技术来改进食品安全管理，也包括政府监管通过信息化来提高监管的精准性和回应性。例如，对于零售商而言，终端的食品安全保障有赖于前端供应商的各尽其责。鉴于这方面的法定义务和消费诉求，零售商关注的供应链管理同样包括对食品安全的管理。其间，食品安全追溯通过收集前端供应商的产品、主体等信息，为消费者的选择提供信息基础。更为重要的是，一旦发现食品安全问题，可根据记录在案的信息确保产品可召回、原因可查清、责任可追究。比较而言，探索区块链技术的应用，以信息化手段建立食品安全追溯体系是生产经营者自觉履行保证食品安全义务的体现。这一自觉在"万物上链"的大势所趋下，无疑会给先行者带来保证食品安全、促进食品可追溯的先动优势，如市场先机和多方赞誉。

5.5　食品安全与企业文化

从企业管理的角度来说，企业文化和技术要求都具有行为规范的作用，但前者的出现使得企业管理从"刚性"转向"柔性"，并以共同的价值观、理念和精神实现对内的凝聚力和对外的竞争力。尤其是，当企业管理从对物的管理转向对人的管理时，文化选择的重要性彰显了管理对于人的尊重，由此有利于发挥人的主动性和积极性。正如学者陈佳贵在《管理学百年与中国管理学创新发展》中总结的，以"企业文化理论"等为代表的"软管理阶段"契合了技术与社会变化，即随着互联网兴起和知识经济的产生，人力资本在企业竞争中的作用日益凸显，管理学的发展趋势转向更注重于无形的组织文化氛围、组织框架内的成员学习、组织能力建设，以及更深层次的价值观塑造。借助价值对于意识和态度的影响以及由此而来的相应行为，企业文化所要实现的人文管理并非仅仅只是一种自上而下的行为控制，更是一种由内而外的行为自律。然而，后者的出现需要企业的文化建设不能仅停留于意识层面和口号呼吁，还需要在彰显个性的同时真正付诸实践。

对于食品企业，食品安全文化首先是基于领域特色的一项个性化的选择。而且，外部监管的趋严和消费者对于食品安全的重视，已使得这一选择成为必然。因为食品安全等于行为，只有将对食品安全的认同根植于心，才能在日常的操作或重大的经营决策中将其外化于行，即践行食品安全这一企业发展的底线要求。然而，对于食品企业而言，这是一项相对较新的认识和选择。因为长期以来的技术导向更侧重程序性的管理来落实相关的技术要求。在 2014 年的译著《食品安全文化》一书中，弗兰克·扬纳斯指出食品领域内有许许多多有关自然科学的知识和实践，但对可以更好地影响和改变人类行为的软科学却关注不多。因此，作者提出了食品安全等于行为的食品安全公式，并从文化的角度来强化企业或者企业员工了解、践行和展示食品安全的行为。由此而来的意义在于让这些思想和行为随着时间的推移不断持续。在 2019 年译著《食品安全等于行为》一书中，弗兰克·扬纳斯进一步结合心理学、社会学等行为科学总结了 30 条提高员工合规性的实证技巧来解决合规管理中的问题。

　　当下，食品安全文化建设已经成为行业热议的话题。例如，在沃尔玛食品安全协作中心举行的"成功塑造企业食品安全文化——行业领导力"研讨会上，Commercial Food Sanitation 公司总经理达林·泽尔（Darin Zehr）指出，企业要建立自己的食品安全文化，不仅需要企业领导者自身的强烈意愿，同时还要带动企业中每一层级的员工拥有相同的思想，并激发他们对食品安全的执着和热情。由这种热情去建立的食品安全文化，才是由心而发的，才会持续继承和发展下去。沃尔玛食品安全协作中心主任严志农认为，文化是一种软实力，是内在的、自发的、深入骨髓的，属于社会科学的范畴。要建立食品安全文化，企业员工对于食品安全保障措施不仅要"做"，而且还要从内心认为有必要这么做，真正做到"思行合一"，这也是一种社会责任的表现。从建设性的共识到实务进展，行业内的自治组织全球食品安全倡议（GFSI）成立了食品安全文化小组，并在分享的食品安全文化指导性文件中建议从 5 个维度推进食品安全文化发展：一是愿景和使命，即在企业宗旨、期望等内容展现企业针对食品安全的战略规划；二是"人"这一关键要素，可借助教育、培训提高他们的意识和能力；三是一致性，这是指在优先关注食品安全的同时协调其与技术、资源等的应用；四是适应性，这主要是对外部的回应和预测来改进食品安全工作，如与产品召回和客户投诉相关的事宜；五是危害与风险意识，可通过奖惩等来树立和强化该意识。

　　当食品安全文化为行为塑造、改变及强化提供自律规范时，食品安全合规文化应是该文化的组成内容。一如实务专家李宇在《企业建立食品法规合规制度》中总结的：食品企业可从识别解读法规要求、制定措施落实合规、整合相关管理制度、评估措施有效性、管理不合规并持续改进这些方面有序地夯实企业合规工作，完善合规制度和建设合规文化。尤其需要强调的一点是，合规是一项持续性工作，包括通过评估来确认规则本身和合规操作是否依然有效，以及应对设备老化等问题导致的应急性合规改进和人员更替等带来的动态性合规管理。

5.6 良好实践

案例 1 阿里本地生活服务公司：探索互联网餐饮安全健康之路

2018 年 10 月 12 日，阿里巴巴集团宣布正式成立阿里本地生活服务公司，"饿了么"和"口碑"会师，合并组成国内领先的本地生活服务平台。口碑专注到店消费服务，饿了么专注到家生活服务，"到家"和"到店"两个场景融合并进，将数字化的本地生活服务延伸到人们日常生活的方方面面。针对数字经济领域的生活性服务业发展，阿里巴巴本地生活在2019 年率先提出"新服务"战略，向商家提供基于本地生活商业操作系统和相关软硬件的产品与服务，为居民带来全场景、全生态、全链路的数字生活"新消费"，通过商家的数字化升级，带动城市的数字化提档升级，为各地促进生活性服务业向高品质和多样化升级打下了坚实的基础。阿里巴巴本地生活的实践表明，数字经济、数字生活、数字服务已经成为各地稳增长、促改革、调结构、惠民生、防风险、保稳定的重要力量。

一、 互联网餐饮食品安全管理"五严准则"

阿里巴巴本地生活确立了"食品安全科学+互联网科技"

的食品安全管理双驱思路，建立并不断完善了平台的食品安全管理体系。平台在外卖食品安全管理过程中一直秉承"五严"准则，即"规则严落实、准入严把控、过程严管理、配送严防护、用户严保障"。从加强上线商户资质审核，强化配送人员和配送过程管理，提升商户食品安全管理能力，完善消费者服务体验，以及提供营养健康指导等方面，为消费者外卖食品安全保驾护航。

2020 年初新冠肺炎疫情发生以来，阿里本地生活平台在全国范围内坚持运营，成为各地保障民生的关键力量和重要城市基础设施。新冠疫情发生后，国家市场监督管理总局第一时间启动保价格、保质量、保供应的"三保"行动。阿里本地生活为把"三保行动"落到实处，结合行业现状特征，提出"三保六免"郑重承诺。通过佣金减免、启动食品安全封签、开创安心专区、大力推行无接触配送服务、推进"明厨亮灶"工程、赋能商户食品安全管理能力提升等措施，保障了蔬菜、肉蛋奶、粮食等居民生活必需品和安全营养的餐饮外卖正常供应。

为进一步强化平台食品安全管控，阿里本地生活提出了"数字食品安全新服务"理念。通过平台商户行为数据、消费者大数据、线下抽检数据采集等多种数据来源，形成平台食品安全数据池，对不同地区、不同时段、不同餐饮品类的食品安全风险进行快速识别与预判；通过可以量化的食品安全风险评估体系，"诊断"商户食品安全风险管控中存在的问题和不足，有针对性地提出解决方案。

随着移动互联网技术的发展，网络订餐已成为中国人群就餐的高频消费场景。随着互联网餐饮食品安全管理水平的提升，网络餐饮营养健康逐渐成为人们关注的热点问题。2020年初的新冠肺炎疫情使包括外卖在内的本地生活服务成为各地保障民生的关键力量和重要城市基础设施。民以食为天，食品安全无小事，营养要加强。阿里本地生活在食品安全管理

"五严"准则的基础上，开创性地为平台餐饮食品绑上了营养成分公示的标签，为消费者提供快速便捷服务的同时，在保证吃得安全的基础上，引导消费者形成科学的膳食习惯，推进营养健康饮食文化建设。

二、 互联网餐饮助力健康中国行动探索

作为中国营养学会餐饮业营养管理协同创新共同体的常务委员单位和共同体内唯一的互联网餐饮企业，阿里本地生活自2018年初就持续推进互联网+营养健康计划，努力提升互联网餐饮营养健康水平，助力践行健康中国2030行动。

（一）商户餐品营养优化

民以食为天，食品安全无小事，营养健康要加强。自2018年5月中国营养学会与饿了么签订"网络餐饮营养与健康社会共治备忘合作"并成立网络餐饮营养协作中心以来，借助网络餐饮第三方服务平台的互联网技术优势，通过注册营养师推荐营养健康餐品等各种落地活动方式，平台在商户端和消费者端全面发力，陆续推出"应季食材营养健康餐""健身餐""合理膳食小份菜营养套餐""爱在金秋，给长辈点份营养餐"等App页面的会场活动。通过活动，一方面让消费者能在平台点到营养健康的餐品，定向、精准地将均衡膳食营养理念传递给网络订餐消费人群；另一方面全力改善优化餐饮商户的上线餐品，双向推动提升网络订餐消费者的营养健康水平。

在中国营养学会的专业指导下，平台开创性地为餐饮食品绑上营养成分公示的标签，已帮助平台500多个品牌超4万份菜品完成能量（卡路里）计算。卡路里计算已实现产品化，同时完成招商产品化，打通商家后台及服务市场上线，商户可自行参与卡路里菜品圈商活动，实现在线实时计算卡路里。

（二）利用平台大数据挖掘引导消费者营养健康外卖消费

中国营养学会和饿了么联合发布了《2018年互联网餐饮消费营养分析报告》。报告依托阿里本地服务大数据平台支

持，开创性地利用 2018 年网络订餐数据的一手资料，对互联网餐饮的营养消费特征、趋势进行分析研判。在 2019 年全民营养周启动大会上，报告首次通过大数据形式全方位展示了中国互联网餐饮消费的营养特征全貌，并针对性地给予了专业化健康饮食建议，得到与会专家和学者的充分肯定。

2020 年，在中国营养学会的大力支持和指导下，阿里本地生活陆续发布《互联网餐饮消费营养健康趋势洞察》《外卖畅销餐品消费分析之麻辣烫篇（2019）》《2020 健康饮食新风向趋势洞察》《早餐外卖消费营养健康趋势洞察》等分析报告，从不同饮食维度指导消费者合理膳食，指导餐饮商户经营改善菜品烹调制作提高总体营养健康管理水平。

（三）营养健康科普宣传

阿里巴巴本地生活为消费者提供快速、便捷服务的同时，在保证吃得安全的基础上，积极引导消费者形成科学的膳食习惯，推进营养健康饮食文化建设。以 2019 年全民营养周为例，为贯彻《国民营养计划（2017—2030）》精神，普及营养健康知识，倡导合理膳食，平台在各地开展了"营养进社区""营养进校园""营养进家庭""营养进企业"等多形式宣传活动，累计发放 5.6 万份营养科普材料，在饿了么 App 和饿了么星选 App 分别推出十佳蔬菜和十佳水果的营养科普知识，累计触达千万消费者，引导国民树立健康饮食理念，营造良好的全民健康氛围。平台推出"餐后补充水果"的消费提示，引导消费者均衡每日营养素的摄入，倡导多吃蔬果、平衡膳食，形成健康饮食习惯。2019 年，平台被中国营养学会授予"2019 年全民营养周优秀活动组织单位"奖。

2020 年全民营养周期间，阿里本地生活与中国营养学会和支付宝答答星球在支付宝平台联合开展了"合理膳食免疫基石""饿了么教你点外卖""夏日健康饮食小提示"营养健康知识答题活动，累计触达近 2 亿消费者，参与答题者累计1145.1 万人。全民营养周期间在饿了么点餐平台开展的营养健康主题会场活动曝光量 554 万人次。阿里本地生活还尝试联合中国营养学会在北京、上海、广州、深圳、杭州等城市通过饿了么骑士累计铺设 2 万张宣传全民营养周"合理膳食、免疫基石"主题的餐箱贴，让营养健康科普覆盖全场，成为穿行在城市大街小巷的一道靓丽风景线。

疫情防控期间，饿了么 App 端开展了养胃早餐粥、滋补热汤美味、主食如何健康搭配、健康全球美食等活动，针对各类餐品的营养特点，指导消费者科学合理搭配，吃得营养健康。饿了么联合中国营养学会邀请注册营养师在冬至、腊八、元宵节、春分等传统节日开展营养健康科普宣传直播活动，通过生动有趣的营养健康话题让消费者过好节、长知识、营养健康吃饭。通过与餐饮商户联合的直播活动，带动商户外卖业务提升。疫情初期，通过"上班族复工健康指南"之"专家教你办公室自我防护"和"办公室饮食健康"等视频直播活动，教大家如何安全、顺利、健康地恢复良好的工作状态。

（四）关注学生营养健康

阿里本地生活与中国营养学会联合马云公益基金会乡村寄宿制学校项目共同开展营养健康学校行动。项目本着提升乡村寄宿制学校营养管理者和乡村儿童身体素质和营养健康素养为目标，通过营养师资源赋能给项目学校，提高试点学校学生、教职工、监护人营养健康知识水平及相关认识，改善学生身体素质，打造和提升营养健康学校示范。2019 年，已发动营养专家资源进行了调研工作，并初步指导 1 个项目试点提升校园食品安全管理水平，优化改造学校学生餐食谱。2020 年在所有试点项目学校全面落地专业的营养师资源，通过智能化的合理膳食搭配、营养食谱改造等方式提升均衡膳食水平，促进学生营养健康状况改善。

三、 结语

2020 年初的一场新冠疫情让全民更加关注自身营养健康问题。虽然疫情期间互联网外卖在抗击疫情方面发挥了重要作用，但由于其在线上经营方面完全不同于传统餐饮，而且增加了配送环节，食品安全管理必定与线下食品安全管理不完全相同。在互联网餐饮食品安全管理方面，在坚持履行企业主体责任的前提下，数智化赋能管理和社会共治是提升网络餐饮食品安全水平的有效手段。为保障大众在本地生活平台餐饮消费安全，推动餐饮业食品安全管控水平的持续提升，与食品安全监管部门、行业学会、行业协会、研究院所共同探索食品安全社会共治新模式是快速提升互联网食品安全管理水平的必经之路。

没有全民健康，就没有全面小康。随着互联网餐饮逐渐成为人们的常用就餐方式，互联网餐饮营养健康也越来越成为互联网食品安全管理的重要课题。通过与专业学会、协会的战略合作，推动网络餐饮第三方平台将品牌的战略目光投向"平台""商户""用户"传统关切之外，引导全社会关注食品安全和营养健康是互联网餐饮营养健康管理的发展之路。未来，阿里本地生活将在消费者营养健康知识知晓率提升、利用互联网大数据积极推动"互联网+营养健康"科普宣传和合理膳食行动、餐饮商户营养健康品质提升等方面继续努力，全面助力健康中国发展。

作为以"食品安全科学+互联网科技"手段进行外卖全链条食品安全风险管控的主体责任方，阿里本地生活将发挥阿里巴巴科技大脑的技术优势，加强基于 HACCP 原理的食品安全智慧化管理，逐步建立基于风险评估模型的互联网餐饮食品安全管理及溯源体系，与社会各利益相关方全面开展社会共治活动，提升本地生活食品安全水平，让消费者吃得更安全放心、更营养健康。

案例2 玛氏：以食品完整性应对挑战、促进合作

玛氏公司是一家拥有百年悠久历史的私营家族企业，为人们和他们的爱宠提供各种产品和服务，旗下的 M&M's、土力架

(SNICKERS)、德芙（DOVE）、宝路（PEDIGREE）、皇家宠物食品（ROYAL CANIN）、伟嘉（WHISKAS）、BANFIELD 宠物连锁医院等品牌深受全球消费者喜爱。玛氏公司总部位于美国弗吉尼亚州麦克莱恩（McLean），在全球 80 多个国家和地区的 125000 余名同事每天都在积极践行着由"质量、责任、互惠、效率、自主"构成的"玛氏五大原则"，在整个价值链上为利益相关者创造共享价值和互惠利益。

一、 玛氏全球食品安全中心的食品完整性管理模式

玛氏相信每个人都有权享用安全的食品，保障食品安全是工业界、政府、制造商、学术界和非政府组织的共同使命。因此，玛氏倡导通过开放合作与知识共享的新模式保障食品安全。这是玛氏为创造美好未来而做出的承诺的一部分，也是 2015 年 9 月成立玛氏全球食品安全中心（以下简称"玛氏食安中心"）的初衷。玛氏充分利用重要的合作伙伴关系，应用科学与技术的突破性进展，帮助解决最严峻的食品安全挑战。目前，玛氏主要关注三大食品安全关键问题：微生物风险管理、真菌毒素风险管理及食品完整性。

玛氏正在研究能有效对抗全球食品供应链中食品完整性挑战的前沿工具、方法和能力，以帮助保护食品原材料和成品。食品完整性是确保食品安全、营养和真实，并以可持续和尊重共生的方式，按照最高道德标准生产。随着食品到终端消费者的运输更远更快，食品供应链日益复杂，确保全球食品供应链的完整性从未如此重要。

蓄意掺假或无意污染的风险正在加剧，检测机理也变得更加复杂。玛氏食安中心为食品完整性的风险管理制定了宏伟目标，正在开发全新的改进工具和分析方法，以预防食品欺诈和异物污染，并减轻化学污染和控制食品过敏原。

食品完整性关乎信任，赢得消费者信任的关键在于支持健全的法规并证明合规性。工业界在塑造合理、可持续、能够保护消费者利益的监管环境方面发挥着关键作用。

玛氏践行五大原则，一是以健全的质量管理计划（QMP）为基础，并将该计划应用到高质原料采收、生产加工、产品分销以及衡量客户满意度等供应链的各个环节。

二是秉持前瞻控制的原则，玛氏的技术专家对进场原料和服务（运输、储存和处理）进行详细的风险评估，并与供应商合作，根据风险评估结果制定原料规格说明书以及存储和交付标准。

三是在食品生产场所监控并主动验证进场原料的安全和质量指标，通过抽检测试确保原料符合接收使用标准。

四是与供应商保持互惠的伙伴关系，共同保障每个人与宠物的食品安全。玛氏定期评估供应商表现，包括基于原料风险等级和过往表现开展的供应商审核，并与他们一起进行消费者认可的持续改进。

五是风险评估不是静态文档。玛氏的技术专家持续地监测广泛的内外数据资源（例如政府公告和科学出版物），并根据最新数据更新评估结果。例如，作物生长的季节性外貌和农产品采收的环境都会被获取并纳入评估范围，一旦它们的风险评级发生变化，原材料风险评估报告会随之被修改，验证检测及供应商审核的次数也会相应地被调整。

同时，玛氏对成品设有严格的质量标准，检测合格方能进入销售环节。这意味着消费者可以对玛氏食品的安全和完整性，以及提供真实和高质量产品的承诺充满信心。

二、 外部多方合作应对食品完整性挑战

作为全球食品制造商，玛氏坚信帮助解决影响全球食品供应链的最严峻的食品安全挑战是使命。但是，一己之力是有限的。玛氏食安中心认为，合作对于解决食品完整性挑战至关重要。玛氏关注先进的测序技术、症状监测与指纹图谱方法，并与工业界、政府、监管部门和学术界合作，分享见解、经验、卓越的科学成果及尖端技术，从而帮助确保全球食品供应链的完整性。

在过去的几年，玛氏食安中心与多家知名机构合作创新，开拓建立应对食品欺诈的监管框架和统一的全球标准。

2015 年，IBM 和玛氏组建了食品供应链测序联盟，该合作平台旨在利用基因组学和大数据，产生新的对整体供应链的见识和理解，确保控制手段和标准以新的方式进行更新与应用，从而把食品安全引到一个新的水平。该联盟进行着迄今为止规模最大的宏基因组学和元转录组学研究，对微生物及影响它们在特定原材料和成品中活性的因素进行分类和探究。首要进行微生物生态学研究，建立的能力能解决很多其他的食品完整性问题。最近，该联盟在经同行评审的《自然》系列期刊《食品科学》上发表了第一篇研究成果。在该概念验证性研究中，研究团队假设有一种特定的 DNA 测序方法能够准确鉴定非目标（或充分扩展的）成分并检测污染物。他们开发出生物信息学分析的流程，初步结果表明这可能是灵敏、准确地检测和验证食品成分的创新方法。

2017 年和 2018 年，玛氏组织了"应对食品欺诈的全球共识"系列研讨活动，举办了三场研讨会，旨在提高预防食品欺诈的水平，以有效遏制不法分子的蓄意掺假。这些在魁北克、北京和迪拜举办的研讨会，将众多的食品安全专家、科学家、学者和利益相关方汇聚一堂。多元化的全球代表共同讨论克服当前和未来食品欺诈挑战的行动和策略，并着手建立食品欺诈预防框架，以支持 AOAC（国际分析化学家协会）的标准。该活动是为建立全球性、跨学科、汇聚多个利益相关方的协作平台而迈出的第一步，从而分享知识、技术、科学和方法，以预防食品欺诈事件，支持全球食品供应链完整性，并通过国际食品法典委员会促进构建通用框架用以支持未来的国际标准。

全面解决食品欺诈问题将有助于把解决方式从被动缓解转化为预测预防。玛氏认为预防措施应融入经营实践，而不是被作为附加项或事后补救办法。

2018～2019年，玛氏食安中心和密歇根州立大学的研究人员共同开发了食品欺诈预防循环（FFPC），旨在战略性地管理并预防食品欺诈。作为预防食品欺诈战略的一部分，FFPC是一个管理信息和活动的有效系统。它将四个全新的研究视角连接成一个覆盖所有业务功能的动态关联系统，并给出清晰可行的步骤，以帮助应对食品欺诈的具体挑战。FFPC的应用能够促进食品欺诈通用预防模式的建立，以及在整个行业分享最佳实践。

三、 玛氏应对案例

玛氏食安中心的科学家们正使用前沿方法开展原创研究，应对多个关键的食品完整性挑战。致力于开发基于多种分析技术的非靶向方法，用于鉴定大米和可可脂等高价值原料，以及靶向方法用于准确检测食品中的矿物油等污染物。

大米是全球一半人口的主食，也是许多国家重要的经济作物。大米已经成为不法商贩的潜在目标，劣质廉价的谷物及低营养价值的掺杂物会被混合于高价值的米粒中出售以谋取经济利益。玛氏食安中心正与贝尔法斯特女王大学（QUB）、安捷伦科技、国际原子能机构（IAEA）、中国国家食品安全风险评估中心（CFSA）、浙江清华长三角研究院（Yangtze Delta）等全球合作伙伴合作，共同开发评估大米真实性的多维分析工具箱。玛氏食安中心目前已开发出使用电感耦合等离子体质谱（ICP-MS）进行多元素分析的精密指纹图谱方法。在这项研究中，玛氏应用有监督的机器学习算法，检测和预测中国地理认证（GI）大米的地域来源。该方法可被方便地改编以用于保护其他国家地理认证大米的真实性，并保护其他在复杂全球食品供应链中面临掺假风险的重要商品。

可可脂是巧克力产品中最重要且昂贵的原料。气候变化和植物病害引起的价格波动，使可可脂面临着掺假风险。例如，价值相对较低的类可可脂（CBE），具有与可可脂相似的物理和化学性质，是一种潜在的掺假物。玛氏食安中心正在与沃特世国际食品与饮用水研究中心（IFWRC）合作，开发鉴定可可脂真实性的非靶向方法。该方法基于快速蒸发电离质谱（REIMS）技术以及无监督的聚类分析。快速蒸发电离质谱是一种先进的常压质谱，无须样品前处理和色谱分离，与高分辨质谱相结合，可以实现对可可脂真实性的高灵敏度、高特异性实时检测。

食品中的矿物油污染因其潜在的健康隐患多年来一直是一个全球性问题。为开发科学、通用的矿物油管理方案，玛氏食安中心促进包括政府监管部门、学术界和整个行业供应链在内的所有利益相关方进行知识共享。2018 年，玛氏与达能、广东检验检疫技术中心（IQTC）在北京共同举办了"矿物油的风险与挑战"研讨会，就矿物油检测分析方法及中国和欧盟法规展开了讨论。2019 年，玛氏成功通过了德国 DRRR 国际能力测试，验证了实验室检测高脂肪食品中矿物油的能力。在北京市理化分析测试中心（BCPCA）的牵头下，玛氏食安中心也为建立大米、动植物油和食品接触材料中矿物油检测的中国标准化方法做出了贡献。

四、 结语

玛氏相信，今日之行，明日之兴。工业界在帮助食品供应链全部利益相关方识别食品安全风险以及寻求解决方案方面发挥着重要作用。玛氏通过非竞争性地、植根于开放合作与知识共享的方式，保障每个人与宠物的食品安全。

案例3　嘉吉：全产业链食品安全与动物健康

嘉吉公司成立于 1865 年，是一家集食品、农业、金融和工业产品及服务为一体的多元化跨国企业集团，业务遍及 70 个国家和地区，拥有员工 155000 多名，嘉吉的使命是以安全、可靠和负责任的方式滋养世界。

嘉吉蛋白中国（CPC）是嘉吉集团在中国设立的集鸡肉饲料生产、孵化养殖、禽肉初加工和深加工于一体的全产业链业务，其核心目标是成为安全价优的动物蛋白领袖供应商。自2013 年投产以来，结合企业内部实务的管理要求，将外部的法律规定落实到具体的操作中，在全体员工的共同努力下，CPC 全产业链建立了完善的食品安全质量管理体系并持续有效运行，确保了嘉吉产品的质量安全符合法律法规、嘉吉以及客户的要求，实现了连续 7 年食品安全零召回，取得了政府、客户及行业内的高度认可。以下主要从食品安全法规符合性、食品安全文化建设和动物福利管控三个主要方面来对 CPC 食品安全进行阐述。

一、 食品安全法规符合性实践

法治是现代国家治理的基石，嘉吉指导原则的第一条即"我们遵守法律"，守法是嘉吉获得巨大声誉、制定指导原则的基础，作为在世界范围内开展经营活动的全球性企业，嘉吉有责任遵守适用于业务的法律法规。每个嘉吉公司的员工都有责任确保根据适用的法律法规以及证书和嘉吉的要求来生产安全、优质的产品。为客户、为自己的家人生产安全放心的优质产品，是嘉吉每一位员工的神圣使命，确保嘉吉产品符合法规、安全、质量的要求，是嘉吉每一位员工的岗位职责。

(一) 全球智能化法规信息系统对接

嘉吉设有专属的食品安全法规信息平台，该平台汇聚了食品相关标准法规的数据，按国家进行分类，以中国大陆、中国港澳台地区、日本、韩国等为主，欧美等国家为辅。实现食品法规的在线更新、查询、阅读、下载、咨询等功能，对限量标准数据进行加工及整合，实现一键查询功能。

(二) 专职的食品安全法规团队

食品安全法规管理必作于细，嘉吉全球职能架构上设置有区域法规团队，对 CPC 食品安全法规工作的开展提供资源支持和指导，同时 CPC 设有专职的法规团队，对法规流程进行设计和优化，对日常的法规符合性进行把关和验证，支持和协助各工厂法规符合性地保障工作。法规团队每月对当月新发布、修订的法规和标准进行扫描，识别出工厂相关的法规和标准，通过差距分析和改善，确保工厂法规的符合性。同时，对政府发布的重点法规单独进行识别，通过工厂自查和事业部抽查的方式验证法规的符合性，确保全产业链法规标准执行的有效性。

与此同时，CPC 在做好自身法规体系建设，提高法规符合性的同时，还积极支持供应商、外部加工商法规符合性持续改进，帮助合作伙伴识别出潜在风险并根据自身经验提供建设性的指导意见，为行业法规符合性建设添砖加瓦。

（三）相辅相成的跨部门协作

CPC 采用宏观的关系模型，以保障食品安全法规符合性为核心，辐射多团队进行相互协作，环环紧扣，相互承接，从而交汇生产出安全、健康的鸡肉产品。一是专业的供应商和外部生产商管理团队，通过完善的供应商和外部加工商的评估、审核、批准和管理体系，确保不会因物料或供应商的使用而引入食品安全、质量、法规、转基因及宗教等方面不符合要求的风险，确保了引入式物料的法规符合性。二是经验丰富的执行运营团队，从饲料生产、农场养殖、屠宰加工至深加工，运营团队持续验证产品和工艺控制点的符合性，通过持续改进，在践行食品安全法规的基础上，不断促进高质量产品的生产。三是可靠的实验室检验团队，CPC 拥有通过国家 CNAS 认证的实验室，对每批产品进行层层把关，层次验证，确保了检测的准确度和可靠性，确保走出 CPC 的产品全为放心鸡肉，为客户提供安全放心的产品助力。四是敏锐的感官评定团队，通过对外的市场调研，积极参与客户需求讨论，并将 CPC 的产品进行内部品鉴，从符合性项进行考究，并研制出别具一格，具有"嘉"味的鸡肉产品。五是专业的新产品质量设计和客户服务团队，安全健康的产品离不开科学和合理的质量设计。CPC 新产品质量设计团队汇聚熟悉国家各类法规、原辅料特性、食品安全管理体系、关键客户要求的专业人才，从原辅料、过程设计、产品验证、客户终端表现等各个层面层层把关，努力做到使每一口产品都安心。

（四）法规培训和活动

徒法不足以自行，CPC 每一位员工在遵守法规的基础上，都需学习和提升食品安全质量管理的知识，培养高度的食品安全质量意识，以强烈的责任心保证食品安全质量，做到人人都是食品安全质量的领导者。基于这样的目标和责任，CPC 定期开展法规相关活动助力员工加深对食品安全法规的理解。

在食品安全法规保障方面，CPC 保证了嘉吉与客户的食品安全和品牌声誉，提供给老百姓放心的产品。

二、 食品安全文化系统设计与运作

有目共睹的是文化由内而外地改变甚至约束人们的行为，是企业的"灵魂"，可以把员工紧紧地黏合、团结在一起，使他们目的明确、协调一致；CPC 也同样致力于关注企业文化，尤其在食品安全文化建设上，将企业本身的特质，与"全心服务客户"的理念宗旨相结合，打造了专属 CPC 特征的食品安全文化活动。

一是分层式食品安全文化管理。针对不同的授众人群，制定不同的食品安全文化活动，对于一线员工，旨在全员参与，采用通俗易懂简单有效的文化活动方式进行，让员工在简单活泼的氛围中，逐渐提升自我的食品安全文化意识；对于管理层，旨在提升式管理，让管理层可以了解食品安全文化活动的主旨和目的，并且更好地为一线员工提供帮助和解惑。

二是多样化的宣传手段。通过制定全面、规范的标准化要求，激励全员参与到食品安全质量文化建设工作中，据此 CPC 建立了统一的食品安全质量文化手册，并定期以多元化方式举行食品安全文化建设。对外实施行业交流，并且共享经验，研讨行业食品安全管控措施，积极与政府及行业进行合作，持续推动行业技术水平与管理水平的提升；对内则制定食品安全质量文化建设计划、食品安全质量文化评估表、食品安全质量文

化调查问卷、食品安全零伤害政策、食品安全一体化培训材料等全面、规范的标准化要求，并利用公司食品安全宣传栏、工厂食品安全宣传看板、食品安全视频、食品安全海报、全员食品安全培训等多样化的宣传手段，与此同时，承接各部门内部认可、工厂层面认可、食品安全质量法规部专项认可、公司层面认可等，旨在加强每位员工的参与。

三是关注客户要求，并持续改进。CPC 通过加强与客户间交流分享，将客户的关注点，也践行于食品安全文化中去，让客户的文化理念与公司的相融合，打造更好的、更优秀的食品安全文化。

CPC 致力于打造引领行业的食品安全文化，兼容并蓄，推陈出新，让员工时刻感受到自己打造的"嘉"园，共同成长和进步，目前已得到多个客户的认可和赞扬。

三、 动物福利的全产业链管理

近年来不同客户及行业不断加大对肉鸡饲养管理过程中的动物福利要求，以提升鸡只健康水平，改善产品品质，推动肉鸡养殖高效、可持续发展，CPC 执行嘉吉全球的动物福利方针是致力于走在动物福利的前沿，确保所有的动物福利举措都符合现行的法律法规、所养殖的动物拥有良好的生长环境，充分保障它们的健康和营养需求，并将它们的不安感降至最低限度。基于国际公认的"五大自由"动物福利原则，以现行的法律法规及"嘉吉全球动物福利标准"为基础，建立和实施了全产业链动物福利管理制度和措施。

（一）"自上而下"的全产业链动物福利执行标准

设立专业的动物福利团队，推动嘉吉全球动物福利承诺和标准的实施，内外承接，对外借助嘉吉全球资源不断引进国外先进的动物福利理念来提升中国事业部的动物福利水平，并积极与国内各行业协会组织保持密切沟通，及时了解行业动态；对内则严格执行动物福利标准，并对所有接触活禽的员工进行动物福利知识的培训。双管齐下，规虑揣度，促进 CPC 动物福利事业的发展。一是饲料厂设置专业配方师，通过采用不同饲料原料的最优组合来满足给鸡群在不同生长阶段营养均衡的需求。二是引进国外优质的肉鸡种源，养殖场鸡舍采用自动环控系统对鸡舍内温湿度进行实时监测，确保给鸡群提供舒适的生长环境；养殖场配备执业兽医可及时进行疾病防控，减少鸡群遭受疾病的影响。三是毛鸡出栏管理，采用专职的抓鸡队伍，低光照强度抓鸡减少应激，双手抱鸡操作减少鸡只的不安感和对鸡只的损伤；适宜的运输密度，有足够的空间保证所有的鸡只能够同时趴卧着，没有相互挤压，并根据季节天气情况，对运输车辆增加遮阳网、篷布等防护，以减少鸡只的运输应激。四是专业的动物福利团队对屠宰场的动物福利环境和操作进行监控评估，覆盖自运输、卸载、上挂、电晕、宰杀等一系列减少鸡只应激反应的操作管理，并定期对员工进行培训考核。

（二）严格的动物健康管理模式

CPC 拥有先进的动保检测中心实验室及专业的农场兽医团队，制定实施完善的免疫程序、饲养管理、用药管理程序为养殖提供支持；兽医利用 HTSi 智能化管理系统评估鸡群不同阶段的健康状况并及时给予改善；在 CPC，对于鸡只动物健康采用"倒三角"的管理模型，即通过生物安全控制、科学饲养管理和免疫制度，保证鸡群健康，减少抗生素使用，以确保其持续的动物健康的保障能力。开发出了一套适用于嘉吉的动物健康管理模式。一是健全的管理制度。具备与现场管理相符合的标准操作流程和明确的管理制度，并致力于投资改善从种鸡到肉鸡的生物安全条件，为减抗项目执行奠定基础。二是系统的人员培训。整合优质资源开展农场生物安全、饲养管理、动物福利、家禽保健等系统性的培训，确保覆盖到每一名员工，从而提升现场管理水平。三是严格的执行标准。农场遵循执行制定饲养管理流程，通过利用实验室资源进行诊断和调整免疫程序来增加抗体保护以减少药品的使用。四是全面的检查

157

验证。农业管理团队在饲养过程中检查现场操作的符合性，食品安全部门建立了完善的审核和验证体系，如定期验证和飞行检查等，确保食品安全和动物福利的符合性。

（三）完善的生物安全防控措施

CPC 通过严格的车辆消毒、人员管控、疫苗药品供应商的筛选、虫鼠害防控等对生物安全进行管控，并且定期对员工开展生物安全培训和每批次对场内生物安全控制进行全面审核验证；同时兽医每年对农场进行两次生物安全全面评估，为生物安全提供了系统保障。一是充分的车辆消毒，设有专门的车辆消毒通道，配比适应浓度的消毒液，对车辆、车轮、车架进行充分消毒；二是完善的人员进入管理，无关访客禁止出入，严格遵守生物安全制度要求；三是优质的药品疫苗供应商筛选，专门的供应商管理团队，建立风险评估的机制，对 CPC 批准使用的药品疫苗进行管理；四是专业的虫鼠害防控，采用专业的第三方公司进行虫鼠害防控，全产业链进行基础设施配备，以降低生物安全的风险。

通过全产业链动物福利的实践及不断提升，公司于 2014 年、2015 年两次荣获世界动物保护协会、中国兽医协会共同颁发的中国农场动物福利促进奖；2018 年荣获世界农场动物福利协会颁发的福利养殖金鸡奖；在跨国集团客户的动物福利审核中连续 6 年保持 A 级的优异成绩。

（四）积极的外部合作和科技手段助力动物福利体系建设

CPC 在做好内部动物福利产业链建设的同时，还积极与外部机构展开广泛的动物福利实践合作。CPC 与国家动物健康与食品安全创新联盟（CAFA）建立长期的战略合作，邀请各级政府相关部门领导、行业专家、客户代表及供应商合作伙伴，共同就食品安全领域的热点话题交流意见。通过每年举办动物健康与食品安全论坛为志同道合的行业伙伴提供直接对话的机会，推动行业进步，共同打造更健康、更可持续的禽肉供应链。

区块链技术不仅能帮助生产者及时追踪供应链信息，对提升整个消费市场的食品安全信心意义重大。嘉吉在使用传统手段持续做好动物福利和食品安全的同时，积极进行技术创新，使用新科技推动与企业、第三方、消费者的沟通，增强信任，强化管理。嘉吉蛋白中国与国家动物健康与食品安全创新联盟（CAFA）使用区块链技术共建食品信任追溯平台，成为联盟食品信任追溯平台首家进驻企业，不断地发展和完善区块链的技术优势，将区块链追溯技术运用在嘉吉禽肉全产业链中。

为响应农业农村部提出的 2020 年饲料中全面禁抗的倡议，从减少到替代再到精细化的抗生素使用，嘉吉蛋白中国多维度推进减抗的探讨和实施，并结合对农场环境的管理，实施危害分析和风险评估。致力于将抗生素的合理使用从控制疾病向促进健康转变，从而保障终端产品的安全。

基于自上而下的全产业链动物福利标准、严格的动物健康管理模式、完善的生物安全防控措施和专业的外部合作和科技创新，奠定了 CPC 良好动物福利实践的坚实基础。基于此，2020 年嘉吉蛋白中国与 CAFA 合作，借助区块链技术，推出自有品牌的不使用抗生素童子鸡产品，致力于建立安全、健康的饲养体系，为消费者提供健康美味、极具食品安全保障的产品。

四、 结语

民以食为天，食以安为先。食品安全是人们日常生活关注的焦点，食品生产经营者要以保证食品安全为首要职责，以确保法律法规的符合性为基石，依托全面的食品安全文化来启发和影响员工的行为，从源头控制，建立完善的动物健康福利管理体系，确保全程食品安全可控，以此更好地服务消费者，为老百姓提供安全、放心食品。欲安于司，必先安于"思"，CPC 致力于打造人人都是食品安全的领导者，让员工从思想上对食品安全有不断的新认知，并将此认知持续不断地践行于工作之中。

案例 4　沃尔玛：区块链技术在追溯体系上的运用

按食品安全和质量管理体系的追溯定义，食品供应链条中的任一节点，应该能够追溯到上游一级和下游一级的产品来源或去向。沃尔玛作为零售商，一直十分重视食品安全，同时也不断利用现有的食品安全管理体系和系统，从供应商准入、商品建立、收货储存、配送销售、撤架召回等各个环节对供应商和商品流转进行信息串联，以达到可追溯的目的。

然而由于商品产业链流通环节繁多，上下游节点各自存在的信息孤岛及碎片化数据给企业带来管理盲区及信息壁垒，信息记录方式可能会涵盖从 Excel 表格到电子邮件到纸张记录。多重记录方式不仅效率低下，而且也不准确。同时消费者也无法获知商品来源与渠道是否安全可靠。当食品安全问题发生时，数据往往受到质疑，抑或很难回溯定位问题节点，这些都为沃尔玛实现需求驱动供应链模式增加了很大困难。

一、　如何建立有效的食品追溯体系

首先，法规明确规定，食品生产经营企业是食品追溯体系建设的主体，建立食品安全追溯体系的核心和基础，食品生产经营企业应建立基于"一步向前、一步向后"的追溯体系，鼓励向上向下延伸。根据《食品安全法》，"建立全程食品安全追溯制度"不应是要求所有企业建立覆盖全食品链条的追溯体系，而应是从整个食品链看是否具备食品安全追溯的能力。其次，食品生产经营企业应该建立质量管理体系，以提升食品追溯体系的有效性。优秀的食品生产企业在建立和运行质量管理体系时，逐步建立了符合业务实际的追溯体系，从而提升质量管理水平、保障供应链的完整性。最后，建立"一步向前、一步向后"的追溯体系。

以沃尔玛为例，在食品供应商管理方面的实践，基于风险评估的结果，对食品供应商进行分级管理。对于规模企业，鼓励其通过全球食品安全倡议（Global Food Safety Initiative, GF-

SI）认可的认证，让其追溯体系得到验证和加强，同时还影响和推动其上游供应商、下游客户建立追溯体系。对于中小型企业，通过食品安全管理能力提升方案，安排独立第三方对工厂进行食品安全审核，逐步提升其食品安全管理水平和追溯能力。针对"一步向前、一步向后"的追溯体系，沃尔玛通过记录商品进货信息、储存信息、销售信息等，以确保向上追溯到上游供应商信息，包括产品、原料、包材及食品接触相关设备的相关信息，向下能追溯到下游客户的相关信息。同样，对于食品链中的单一企业来说，也建立了"一步向前、一步向后"的追溯体系，记录产品信息、原辅料信息、生产信息、销售运输信息、设备设施信息、人员信息等。由这些组织构成的食品链则具备了完整的可追溯能力。

综上，食品生产经营者应建立食品追溯体系，制定、实施并记录产品追溯计划。食品生产经营者还有责任建立并保存文件记录，记录原料的来源及最终产品的接受者，保证系统能够识别并追溯每一个批次的每一件商品。当发现食源性疾病或食品污染问题时，食品生产经营者能及时利用其建立的食品追溯体系，采取快速有效的行动，例如从市场上召回问题商品。食品生产经营者决定采用何种追溯方法、技术、工具进行快速有效的追溯。然而，需要指出的是，一般而言，食品追溯可以满足三个方面的需要：一是出于保障食品安全的需要，当发现产品有问题需要召回时，便于及时确定需要召回的产品批次；二是强化供应链管理的需要，防止来路不明的食品和食品原料走向消费者餐桌；三是产品宣传或者增值的需要，为消费者提供比食品标签上更多的产品信息，有利于建立食品信任。食品追溯对维护食品生产经营企业的声誉、品牌的保护、获得消费者忠诚度均有正面的作用，但是食品追溯的作用也不应该被夸大。食品追溯并不能直接改善食品安全，因为追溯体系的好坏区别在于追溯的时效性与准确性，当产品出现问题时，追溯体系再好，追回的还是问题产品，不可能追回一个好产品。只有当追溯体系与食品安全管理体系相关联时，才能提高食品的安全性，最大限度保障消费者的安全。

二、 区块链技术+食品安全追溯

沃尔玛中国从 2019 年开始，投资建设了应用于商品的区块链可追溯平台，并投入实际运营，截至 2020 年中，已有 100 种商品完成可追溯实施并面向顾客。该平台依托的系统应用了区块链作为底层技术，连接供应商生产工厂、沃尔玛配送中心等环节。实现了追溯信息真实可靠、不可篡改、时间节点清晰的效果。沃尔玛作为零售商，主动建设追溯系统、连接起商品的各个流转环节，以达到给顾客提供可信赖的商品愿景。

（一）项目背景介绍

作为全球性零售企业，沃尔玛在 2016 年就开始了探索使用区块链技术进行食品追溯，以期提升整个供应链的透明度和食品安全，是中国实体零售行业第一家应用区块链进行食品追溯的企业。2017 年 5 月，沃尔玛中国与合作方完成了区块链追溯体系的猪肉试点验证性测试。通过区块链技术将猪肉产品从供应商到商品货架，最后再到消费者进行数字化追踪，并将追溯信息数据化并记录到统一存储平台。2019 年开始，在中国进入实际应用实施阶段，推广到更多的食品类别来实施区块链可追溯。

（二）行业痛点及解决思路

沃尔玛的食品供应链条构成相对复杂，每一环节的上下游连接追溯信息存在不清晰、易篡改和造假的问题，而且多属于非电子化文件，在发生食品安全事故需要追溯时耗时较多。另外，现行的食品可追溯体系难以保证发货地点和验收地点的准确性和不变性。

应用区块链技术进行追溯，每个环节的追溯信息会上传到区块链、不易被篡改，调用时全电子化可保证应用效率和准确。同时，区块链技术在食品追溯应用场景中，可以将产品从原料生产到销售的过程信息流记录到链上，并附有时间戳标记，一物一码或一批次一码。同时对数据进行加密存储，利用分布式账本，提高数据造假成本，保障数据真实。消费者可以查看到记录在链上的商品完整信息，解决信任问题。将区块链技术应用于食品可追溯体系可以在短短几秒钟内获得食品供应链上各环节（生产/加工、运输、存储、销售等）的产品信息，并且保持信息真实、透明，有利于提高食品供应链安全和信息透明度。

（三）实施过程

沃尔玛中国通过普华永道和唯链的技术支持，自建基于唯链雷神区块链技术的食品安全可追溯平台。流通各环节参与方将共享供应链数据，利用区块链去中心化、数据不可篡改的技术特征，进一步推动商品供应链可视化及其高效管理，提升商品信息的透明度，保障商品数据真实性，提升消费者信任度。

沃尔玛通过与供应商的深入沟通，阐述了实现产品追溯是食品安全法的要求，以及可追溯商品属于公司销售策略的重要构成。鼓励供应商与沃尔玛一起建设商品可追溯体系，实现共同发展。然后，通过供应商启动大会、生产现场培训实施、对外公开发布等形式，宣导沃尔玛区块链可追溯商品项目的实际内容和扩大影响力。每种商品都有一个唯一的二维码，通过商品包装二维码，向顾客展示扫描后呈现的商品信息，包含了清晰的商品图片、商品检测合格报告，生产所在地和沃尔玛接收地的地理位置信息、物流过程时间。此外，也展示了生产企业的介绍信息以及沃尔玛公司的核心内容。考虑到区块链强调多方参与，协同与共识。沃尔玛可追溯体系运作模式如图5-1所示。

图 5-1　沃尔玛可追溯体系运作模式

当前阶段，商品在整个供应链条中的参与节点有供应商，如加工中心和沃尔玛配送中心（Distribution Center, DC），每个节点维护需要上传的信息并对其负责，一经上链，信息不可篡改、可溯源。所以目前系统将上链分为两次：第一次是在供应商扫码发货时上链，会将产品信息、追溯批次信息、发货信息和供应商信息进行上链，其中发货信息会包含 GPS 位置、时间、操作人 ID；第二次是在沃尔玛 DC 扫码收货时上链，会将产品信息、追溯批次信息、收货信息和供应商信息进行 hash 上链，其中收货信息会包含 GPS 位置、时间、操作人 ID。

以牛肉为例。屠宰厂在每次发货大块肉时，搜集批次追溯信息发送至包装厂，申请码段、生产产品标签，寄送至包装厂；包装厂负责将大块肉分割包装成最小销售单元，整箱装车发货；新建产品批次，然后给最小包装单元赋产品码，将批次与产品码绑定，将产品码与箱码绑定（同一批次同一时间点发货时，简化成虚拟的绑定一箱），最后将箱码与车码绑定并发货（将车码一并发出）；沃尔玛 DC 扫车码整车收货，然后配送到门店进行销售。

（四）主要创新点

第一，通过二维码扫描，关联每个环节的关键追溯信息，如商品批次、检测合格报告、生产所在地、接收地。真正完整的供应链条信息被收集并上传到区块链。第二，区别于常见的供应商（生产商）商品可追溯，沃尔玛作为零售商环节的接收信息被准确辑录进追溯信息里，可增强消费者对可追溯信息——商品的信赖度。第三，区块链系统逻辑对二维码信息下发设计了严格的赋码规则，每个生产商的商品二维码都具有唯一的对应绑定关系，避免了复制造假和错误。第四，沃尔玛项目实施由专业的咨询顾问联合业界区块链运营公司进行，能够保障可追溯实施的准确、专业和可持续。

（五）应用成果和主要收益

沃尔玛区块链可追溯平台到 2020 年中已经上线一百多个商品，成功实施了包括自有品牌在内的猪肉、蔬菜、鸡蛋、饼干糕点、食用菌、预包装干货等几大类食品。目前已有商品在市场实际售卖，部分供应商已经具备了日常生产区块链可追溯食品的能力。未来还会陆续覆盖到更多的食品品类。接下来将在这个平台中优先纳入高关注、高风险的商品，如备受欢迎的鲜鸡蛋，鸡蛋进入包装工厂后，清洁、分选、包装等环节的质量记录会在工厂端留存，而关键的出厂前检验合格发货记录则会上传至区块链存储，且同时包含了蛋鸡养殖基地的信息；沃尔玛及山姆会员店的收货时间也会上传至区块链，顾客查询时可以直观地感知鸡蛋来源及其新鲜程度（发货及收货时间，对照购买的时间点）。

食品的追溯长久以来是民生问题之一。区块链技术的不可篡改特性使得食品从生产端到流通端，消费者都有翔实的数据，成为可能，可以提升消费者信任度，从而提高消费意愿。并且利用区块链技术的食品可追溯平台可以提升食品安全事故的处理效率。因为数据无法篡改，区块链技术可以为消费者提供从制造到消费的开放且透明的信息。例如，对动物 DNA 样品的分析可以提供关键信息，如原产国。

该 DNA 的数字会被添加到每一个物品或产品上，实现单个物品而不是整批物品的追踪，从而允许企业在供应链的每个阶段跟踪每个物品。一旦食品被放到在零售商店货架上，消费者可以用手机扫描食品包装上的二维码以获取相关的食品安全信息，包括包装中的产品及其来源。这个过程帮助组织防止欺诈，同时提供全面的追踪，降低产品召回的成本，提高流程效率。

除了可追溯以外，食品的供给、流通、需求方等各环节的信息不对称问题也是长久的困扰。基于区块链技术的去中心化特性，各方所做的任何更新都将成为分布式账本的一部分，每个参与者都将会受到更新后的记录。即使出现断网的情况，只要将设备重新连接互联网，任何更新都将会同步到网络上。

总体来说，区块链技术可以帮助提升食品行业应用中的信息记录和质量控制的数字化和自动化。

三、 结语

目前沃尔玛的追溯系统主要在上游采收环节和成品运输环境的追溯，并实现终端消费者扫码读取信息。未来将逐步完善产品在终端销售和消费者环节的信息，以及完善产品在种植/养殖、加工过程的信息，并对消费者的消费行为进行深度分析。例如使用大数据分析技术对所搜集的消费者信息建立消费者画像，对现在消费需求及未来消费趋势进行分析。

案例 5 可口可乐：以质量至上为行为准则

中国是可口可乐公司全球第三大市场。上海的可口可乐亚太区创新与技术中心是可口可乐全球第二大研发创新中心，该中心的设立和发展提升了可口可乐中国新产品创新的能力和速度。可口可乐公司目前为中国消费者提供 20 多个品牌、60 多种口味的近 300 种产品，其中 14 个品牌共有 25 种口味的低糖和无糖产品。作为一家致力于"畅爽世界、因我不同"的全品类饮料公司，可口可乐公司坚信，保障产品的质量和安全是企业义不容辞的责任，是一切业务的基础。

一、 创新管理模式　严格质量管控

民以食为天，食以安为先。中国食品安全议题有以下几个特点：一是中国食品行业的主要问题，已经从食品短缺转变为人们对食品质量安全的担忧，公众对食品安全的要求越来越高，对食品安全问题"零容忍"；二是频发的食品质量安全问题和食品话题"伪科普"的盛行使整个行业面临信任危机，给食品安全管理带来多重挑战；三是媒体形式多元化和移动互联网的普及使信息传播变为零时差、零距离。食品安全问题时刻处在舆论的聚光灯下。食品企业在质量管控方面面临巨大压力和挑战。企业应如何保障产品的高质量和安全性呢？答案是多维度的：严格采购和生产过程的质量控制、加强产品流通环节的产品全面质量管理（TPM管理）、建立风险识别和管理机制、加大基础设施投入、完善投诉和事故响应机制，等等。

可口可乐系统在上述各方面都做出了不懈的努力，恪守国家相关法规和标准，遵循可口可乐全球统一的质量标准，择严执行。可口可乐中国系统所有工厂均通过了质量（ISO9001）、环境（ISO14001）、职业健康与安全（OHSAS18001）、食品安全（FSSC22000）管理体系认证。为了保证产品质量，可口可乐质量体系在产品生产销售全生命周期实行"端到端"的质量管控体系，覆盖原材料采购、生产、储运、消费的全供应链，为消费者带来优质安全产品。如何才能使这些管理体系自发地启动、有效地执行、最终实现预期结果呢？其共通的前提条件和基础又是什么？答案是在整个系统中完善、固化、夯实质量文化，使其成为每个人、每个行为的价值准则。管理体系为"理"，是保障质量的方法和途径；质量文化为"道"，是质量的本质和内核。

二、 内部驱动创建质量文化

（一）质量文化愿景

质量文化愿景是企业在质量文化建设方面的终极追求，它必须是前瞻性的、自我挑战和宏伟的，既描绘了企业发展的前景，又可以团结员工，调动积极性，激发员工为实现这一愿景而努力。

可口可乐系统的质量文化愿景包括以下几个方面。一是普遍性——质量无所不在。质量成为一切工作的前提条件，没有讨价还价的任何余地；质量是一种责任而非一项工作；每个人都知晓本职工作在质量管理中的重要性，具备相应的知识和技能，计划、采购、生产、工程、品控、仓储物流、业务销售等所有团队都必须经过严格的质量管理培训。二是自主性——质量成为"无意识的主动行为"。质量成为每个人的自主行为，每个人都能主动履行与质量相关的活动，而不需要被监督。三是持续改善——具有强大的自我纠正和自我改善的能力。没有最好，只有更好，追求持续改善成为组织和每个人的内在需求。

（二）质量文化要素

质量文化要素是实现质量文化愿景的具体途径和方法，是企业在质量文化建设中的具体工作。可口可乐质量文化要素包括以下内容。

第一，相关主管承诺。各级主管是质量文化的建立者、倡导者和实践者。各级主管首先需要对可口可乐质量文化具有深刻的理解和坚定的信念，并通过各种管理工具和手段践行对质量的承诺。主管的关注和引导是质量文化建设中效果最显著的模式。领导层重视质量，就可以把质量文化通过体制建设、组织架构、激励制度、人员晋升制度、薪资制度等载体向基层传播，有效地推进质量文化提升工作。主管承诺具体表现在：相关主管能够经常走访一线现场，并对与质量安全相关的过程和活动提出要求和意见，例如，在车间走访时关注 GMP（生产质量管理规范、良好作业规范）表现和现场职业安全行为，在市场走访时关注 TPM（产品全面质量管理）表现和员工交通安全等；主管能够参加质量安全事故调查、质量专题和安全改善项目等；主管能够经常性参加消费者感官体验测试。

第二，绩效衡量。具体要求包括以下方面：所有厂房部门及运输、物流、销售等后端部门建立质量目标与指标的管理制度，包括制定目标、分解任务、实施计划、考核指标等环节；日常工作中持续强调遵循质量要求的重要性，违反要求的行为会影响个人绩效；公司经常性开展质量、QSE（安全和环保）红线的宣传教育，推动全员对质量安全的关注和持续改善；公司建有质量行为考核制度，与绩效挂钩。

第三，全员参与。在可口可乐运作系统中，几乎所有岗位都与质量有着直接或间接的关系，都需要为质量做出贡献。以装瓶厂为例，相关参与情况如下所述。一是计划部门。根据需求准确地制订生产计划，避免由于诸如原物料供应不足而产生的紧急放行、库存过剩导致产品货龄过长等问题。二是采购部门。供应商的选择、评价、管理和采购信息的准确无误对保证原物料的质量至关重要，合理的采购计划可以避免原物料的紧急放行或者长时间存放。三是生产部门。生产部门是实现产品质量的核心部门，所有的生产活动都与质量直接相关。工程设备部门。工程设备部门与质量的相关性，首先体现在"质量源于设计（Quality By Design）"，例如，厂房设备的前期设计、施工和后期改造，生产质量管理规范（GMP）的实现；其次是日常的维护保养和紧急维修与质量有着密切的关系，在设备复杂程度和灌装速度日益提高的背景下，工程设备部门对质量的影响和贡献越来越大。四是仓储物流。从装瓶厂角度看，产品质量主要有两个部分构成，包括生产阶段和仓储物流阶段，优质的仓储物流管理对确保最终产品的质量至关重要。五是销售业务。了解不同产品对货龄的敏感性从而准确进行销售预测；能够对客户进行产品防护的知识普及，实现在客户端对产品防护的配合。六是客户服务和消费者响应。具备充分的产品知识，准确应答消费者和客户的问询和投诉，解决消费者和客户的疑惑。

第四，技能与培训。为了给消费者提供安全、高质量的产品，仅有良好的愿望是不够的，每个人都必须具备与岗位有关的、质量方面的能力，要确保每个人具备与质量相关的知识和技能对保证产品的质量和安全至关重要。技能与培训具体要求如下。针对每一个特定岗位，要求识别岗前培训技能并开发培训材料，培训资料要充分的表述；质量要求、工作流程与质量的关系、所在岗位的职业风险和保障措施；建立培训师资格认证机制，即只有获得认证的培训师才可以对新员工进行上岗培训；建立新员工技能评估机制，在技能评估完成前不能独立上岗；更多职能部门人员能够熟练应用持续改善工具，如 SPC（统计过程控制）、DMAIC 方法（定义、测量、分析、改善和控制）、5Why（5 个为什么）等工具；建立完善的岗位轮换机制和实施计划。

第五，分享与沟通。具体要求包括以下内容：质量安全事故及其原因和经验以及最佳实践要及时在公司内部专题会议进行传播。建立机制确保经验传递到部门所有员工，并作为员工再培训的必要内容。QSE 部门建立质量安全知识分享平台，实现有效分享，例如微信平台、安全日历等。设立职能负责人的例会，质量安全要作为重要议题之一。设备和工艺变更能够在项目开始初期阶段就引入质量安全人员参与，通过科学设计避免或降低质量安全风险（Quality/Safety by Design）。建立机制实现跨级别沟通，消除沟通过程中由于级别产生的沟通障碍。员工可通过部门会议等场合自由表达建议和意见。员工能够积极主动地与质量管理人员沟通运作和设备等引发的质量异常、隐患和事件。落实"员工满意度调查"机制，收集员工的反馈信息，就问题进行整改。

第六，实践与改善。具体要求包括以下方面：建立质量考核制度并有效实施；管理层分析和跟踪质量考核中发现问题，立即纠正；相关职能部门及时分析质量审核中发现的问题，并提出改善方案，对于复杂问题，建立跨部门的改善小组予以解决；建立完善的建议沟通机制，对员工的合理化建议予以采纳；建立奖励机制，鼓励和肯定员工的改善建议。

（三）质量文化评估

下列活动和行为可以作为对企业质量文化的评价依据。其一，生产质量管理规范（GMP）。对食品饮料生产企业而言，GMP 范围广泛，涉及部门和人员众多，既包括硬件如基础设施、设备，也包括软件，如人员操作规范、卫生习惯和行为等等。GMP 是保障食品饮料生产安全和质量最根本的要求，最能体现企业的质量文化水平。其二，危害分析和关键控制点（HACCP）。HACCP 是控制和消除食品安全危害最重要的工具。如何对 GMP 和关键控制点这些与食品安全直接相关的步骤和过程进行了有效的分析、评估和管控，忠实反映企业质量文化的水准。其三，生产环节。生产过程管理的评估反映与之相关的生产、工程、品控人员的意愿和能力情况。其四，产品全面质量管理（TPM）。通过 TPM 的表现可以对仓储物流、业务和销售团队的质量文化情况进行评价。其五，持续改善机制。企业是否能够对各个渠道反馈的与质量相关的信息进行科学统计和分析确定需要改进的领域和流程，积极采取纠正和预防措施，也是企业质量文化的重要体现。

三、 结语

提供高品质产品是实现公司业务可持续发展的基础和前提。质量文化反映了企业在质量管控方面的终极方向和目标。可口可乐质量文化意味着，在任何时间、任何地点都能为消费者和客户提供安全的、高品质的可口可乐产品，使消费者和客户信任可口可乐，始终确保可口可乐品牌是高品质的代名词。可口可乐公司从狠抓"质量管理"到建设"质量文化"，将安全优质产品保驾护航转化为所有可口可乐员工自觉的行为。

案例 6　美赞臣：品质管控，铸造安心

自 1905 年创立至今，美赞臣已有 100 多年的历史。作为全球知名的婴幼儿营养品品牌，美赞臣致力于为全球婴幼儿提供科学营养，给他们带去一生最好的开始，是美赞臣矢志不渝的使命。目前，美赞臣生产的 70 多种营养产品行销全球 50 多个国家和地区。婴幼儿配方食品是被严格监管的食品，坚定不移的质量管控是建立消费者、经销商、零售商、营养专家等所有相关方对美赞臣信任的基础；是美赞臣能够实现品牌使命，百年积淀的本源；也是美赞臣体现和传承社会责任的重要载体。

美赞臣拥有全球统一的全程质量安全管理体系，涵盖从产品研发、供应商审核与管理、原料控制、生产过程、流通渠道，到产品被使用的全过程。

一、 机制设计、全程管理与质量文化的结合

为确保产品的品质，美赞臣首先在整体上进行了忠于品质的机制设计，将乳业"全程安全质量管理"与全员认可的质量文化紧密结合，以确保美赞臣在质量这一最基础、最重要，也最为关键的核心责任议题上有突出的优秀表现。

第一，忠于品质的机制设计首先包括全球统一的质量标准，即四项一致：原料标准全球一致、生产过程标准全球一致、实验检验标准全球一致、食品安全管理标准全球一致。通过制定推行全球标准，建立全球信息处理系统，美赞臣实现了不同地区生产基地数据共享和标准化生产，搭建了全球化品质管理高度统一的共享平台。包括美赞臣中国生产基地在内的所有生产基地需要同时符合所在地要求与美赞臣全球标准。其次，针对全程安全的质量控制体系，美赞臣中国生产基地的厂房和生产设施设备严格按照国家 GMP 要求来设计、建造和管理，同时还严格按照 HACCP 食品安全管理体系和 ISO9001：2008 国际质量保证体系进行运作。再次，持续改进的质量管

172

理系统。由生产第一线员工组成跨部门小组，共同参与HACCP 食品安全管理体系创建与风险评估，通过评估—实施—总结，使系统不断完善提高。最后，生产管理与质量监管分离的管理模式。在美赞臣全球，质量监管是一个独立的管理系统，美赞臣在中国的质量监管部门由美赞臣全球的质量管理系统直接领导，不隶属于生产部门，只对质量负责，实行"质量一票否决制"。独立的质量管理系统，使得质量管理能够免受干扰，真正做到质量高于一切。

第二，针对全程安全的质量管理，科学的设计、先进的工艺、优质的原料、正确的操作才能从源头上和根本上保证产品的质量。美赞臣从源头开始，严格把控从产品研发、供应商审核与管理、原料控制、生产过程、产品检验，直到产品流通的全程质量安全。其中，全程安全的质量管理之旅，始于研发。从程序来说，美赞臣的产品研发历程严格遵照以下程序：1. 针对新需求、新营养成分、新技术的可行性评估；2. 基于研究方案制定和研究资金的临床前研究；3. 涉及法规审查及管理的产品立项；4. 关于临床研究、分析方法开发、信息拟定的一系列试产准备；5. 上市及推广；6. 跟进营销。婴幼儿配方乳粉的产品开发过程都非常严谨。美赞臣的产品开发以婴幼儿天生营养需求为黄金标准，致力于将科研成果转化为营养品，从婴幼儿的全面发育、过敏体质、免疫力、体格发育、产品口感和形态偏好等 5 个方面贴近他们的营养需求。

第三，全员认可的质量文化。质量文化是确保品质理念贯穿从产品设计到产品生命周期的 DNA，深入内心的价值认同是任何规范的制度和严谨的操作规程都无法替代的质量保障。因此，诚实守信，对消费者负责的态度至关重要。对于产品知识的普及应该以设计严谨的临床研究结果和当地法律法规为依据。在向消费者介绍产品时，应遵循严谨的说明，帮助消费者了解营养科学，以便做出最佳选择。此外，质量不是检验、监控出来的，而是从员工手上生产出来的。人是所有制度的创造者，也是所有制度的执行者。相应地，美赞臣尊重和认可每位员工的知识和才能，通过质量文化 DNA 八道链打造卓越执行力，让质量文化成为美赞臣日常行为的习惯。这包括第一链：灵活自如地游刃于"全局"与"细节"之间。第二链：始终坚持专注及重点的信念。第三链：领导者以身作则。第四链：不懈地专注于执行整合的 ARE 策略。第五链：打破壁垒，打造干劲十足的团队，专注于业务重点及解决问题。第六链：分析问题的根源和客观地了解问题，将挑战转化为朋友。第七链：设定反映问题本质的 KPI 并将其视为"有趣的"要务来跟进。第八链：保持"凡事皆有办法"的心态，将一切变成可能并持续。

二、 全程管理中的智慧监管

品质的追求始于研发，贯穿始终。因为只有耐心且苛刻的前期研发，在每个环节进行打磨，才能为优质产品的诞生打下基础。以新产品开发为例，其需要遵循一系列严谨的流程，包括研发工作需经过可行性评估，到临床前研究，再到产品立项、试产准备、上市推广，最终才能与消费者见面。举例来说，为严格保证生产过程体系的稳定和可靠，从优质原材料进入工厂开始直到产品销售，每个阶段均需经过数百道检测。这包括一是原材料甄选。产品的原材料均为全球采购，采用进口优质奶源。实行严谨的供应商管理体制，定期进行供应商审核及质量评估，仅向被批准的供应商采购原辅材料。此外，还帮助供应商开发新技术，以便在 HACCP、GMP、卫生控制系统和理念上精益求精。

二是原料验收。在这一环节，着力于以下四个工作重点：1. 对收货的每批原料进行检验证书审核；2. 每批进口原料需经广州检验检疫局检验合格；3. 实验室执行美赞臣标准对每批原辅材料进行逐批验收检验；4. 生产前，每批原料的包装均通过卫生检查，每包原料均须通过金属探测。

三是生产环境卫生。采用符合 GMP 设计要求的厂房设施，实行严格的环境卫生监控制度。

四是生产过程。实施 ISO9001：2008 国际质量保证体系，通过由 GMP 良好生产规范、SSOP 标准操作指导、HACCP 关键控制点管理三个层次构成的环环相扣、相互作用的全方位质量维护体系来保证生产过程的品质控制。

五是科学检测。使用全球领先的检测仪器，实行行业领先的科学检测。实验室每年进行新检测方法学习培训和岗位技术考核。每批次放行的产品除了必须通过国家规定的全标签值项目检测，还必须通过全球一致的内控标准，在国家标准规定的检测项目基础上，额外增加大量理化指标、过程控制和环境卫生等监控项目，其中包括所有标示营养元素的检测和微生物、抑制物、污染物的严格监控。任何监控项目的异常，都必须经过严谨的检测和调查。

六是流通渠道管理。先进的产品电子追溯系统是美赞臣渠道管理的桥梁。在此基础上，通过合同、绩效评估、培训、审核等措施，与经销商建立健康的合作伙伴关系。完善的流通渠道管理，保障了产品在流通过程中的品质安全。

七是货架稳定性检测。在产品进入市场后，对产品留样进行持续性抽检，直至保质期结束。

在上述过程中，产品电子追溯系统体现了智慧监管和合作监管的理念。食品安全监管，尤其是婴幼儿食品安全的监管，是一项系统化的综合治理工作，需要政府宏观把控与企业具有创造性的主动参与。当前，"互联网+"、大数据、云计算技术等信息化手段蓬勃发展，如何实现婴幼儿配方乳粉行业"智慧监管"，是政府及企业共同面对的课题。鉴于此，早在 2005 年，美赞臣就建立了产品电子追溯系统，是国内婴幼儿配方乳粉生产行业中首批使用防伪标签的。随后，美赞臣实现了原有电子追溯系统与广东省电子追溯系统的数据对接，成为省内首批试点单位，全面共享原料、生产信息及产品出厂全项目检验数据。而广东地区的试点情况又为即将形成的全国层面的电子追溯系统提供了丰富的经验。比如，美赞臣应用二维码扫码技术，对电子追溯系统的标签进行不断更新设计。通过设立 400 查询电话和包含套色印刷、缩微图标及数字、UV 荧光油墨在内的防伪技术，美赞臣力图保证消费者购买的每一罐产品均可以由热线电话、官网查询系统和 App 进行查询，追溯产品的"前世今生"。

此外，美赞臣每年在全球范围内组织开展"质量月"活动，根据每年拟定的主题，活动围绕质量安全知识、管理、质量经验等方面展开。通过"质量月"活动，员工更加了解生产的产品质量知识，从不同角度了解质量控制的技术细节，相互分享优秀的质量经验；美赞臣从公司的角度也能更好地激励员工加强质量管理的主动性。

三、 结语

对产品质量的追求是一个持续改进的过程。在百年历程中，美赞臣从生产管理经验中总结经验，矢志追求持续创新，并为提高生产力而不断探索生产和质量监管的优化方案。同时，美赞臣开通合理化建议的沟通渠道，鼓励各部门不断挑战自我，精益求精。未来，美赞臣也将持续改进，不断追求更优秀的产品品质，致力于为消费者提供更全面、更科学的营养品支持。

6

从国际视角看食品安全治理模式与策略如何促进中国社会治理目标的实现

6.1 导语

有国际食品法学者认为，中国作为举足轻重的经济大国，具有现代化的完善食品安全监管体系，这并不令人称奇。然而，中国政府对公众要求加强食品安全治理的呼声的响应速度之快，则令世界瞩目。《食品安全法》于 2009 年出台，后经多次修订，包括 2018 年的修订。其中，2015 年修订的《食品安全法》取代 2009 年《食品安全法》，成为中国食品安全领域的新综合立法。2009 年的《食品安全法》出台前，食品安全领域的主要立法是国务院于 1965 年发布的《中华人民共和国食品卫生法》，这部法律是中国的第一部食品法，主要应对食品储存、制造和运输中不卫生的问题。当下，细化《食品安全法》的《食品安全法实施条例》也已于 2019 年修订公布，这标志着中国食品安全领域的立法工作进入高潮。

要理解中国食品安全立法的快速发展，不妨先回顾美国在该领域的立法过程。美国食品安全领域的第一部综合立法《纯食品和药品法案》（Pure Food and Drug Act）于 1906 年颁布。当时美国发生了多起引发社会广泛关注的食品污染事件，1905 年厄普顿·辛克莱（Upton Sinclair）所著的畅销小说《屠场》（The Jungle）中对肉类包装厂恶劣状况的描绘便是对当时情况的真实写照，该法案在此背景下出台。之后，另一具有里程碑意义的国家立法是 1938 年《联邦食品、药品和化妆品法》（FDCA），2011 年《食品安全现代化法案》对该法案进行了大幅修改。因此，美国食品安全领域的第一部综合立法（1906 年《纯食品和药品法案》）与《联邦食品、药品和化妆品法》（1938 年）间隔了 32 年，与食品安全领域最新的重要修正案（2011 年《食品安全现代化法案》）又间隔了 83 年。相比之下，中国食品安全的第一部综合立法（2009 年）与最新的重大立法（2019 年）仅仅间隔了 10 年。然而，从国际视角来看，中国作为现代食品世界中的主要利益相关者，显然不可能把时间线拉得过长来缓慢地完善其食品安全监管制度。

放眼未来，中国食品安全监管制度面临的核心问题是，面对日益复杂的现代食品世界，中国能否持续、飞速地完善、精简、改进监管方式，使食品安全监管与其经济大国的地位相匹配。

从食品安全治理三种模式在中国的应用角度出发，本章分析了中国发展成为世界范围内食品安全监管领域领导者的原因。第一种侧重基于食品安全法律法规的合规模式；第二种侧重于食品安全自我治理；第三种侧重于通过合作监管实现食品安全。本章还介绍了上述三种模式在中国特有的社会治理理念下的具体应用。笔者认为，中国的社会治理理念是三种治理模式在不同程度上的糅合，为食品安全监管提供了更广泛、多样的方法指导及可能性；对这个问题的分析将交由以后的作品进行讨论。接下来的部分，本章将从国际的视角分析切实可行的治理策略对食品企业的激励作用，激励其制定符合公共利益、造福消费者的政策，并落实良好实践。

6.2 合规

行之有效的食品安全监管体系离不开食品行业参与者对食品安全监管规则的遵守，即合规管理。合规能够建立消费者信任、挽救生命。

6.2.1 直接监管

通常来说，规则能否得到遵守取决于规则本身。明确、合理且一致的食品安全规则更可能实现合规管理。违反规则时引发的强有力的执行机制同样有助于合规，即符合规则要求。有一种监管方式非常强调规则的执行——直接监管，又称命令控制。这种监管方法主要通过执法、检查、制裁、惩罚违反者来发挥作用。命令控制的工具通常是发布政府命令，政府通过命令设立标准，然后通过监督该标准的执行来跟进标准的实施效果。从国际视角来看，命令控制监管近几十年在环境保护、环境清洁方面取得了巨大成功。2019 年的《中华人民共和国食品安全法实施条例》中体现了命令控制等监管方法。除了针对食品监督评估、食品安全标准、食品检验、食品进出口等方面制定细则以外，该条例提高了对食品领域违法行为的处罚力度。例如，根据该条例第 67 条第 1 款，有以下五种情形之一的，属于应严惩的情节严重情形：（一）违法行为涉及的产品货值金额 2 万元以上或者违法行为持续时间 3 个月以上；（二）造成食源性疾病并出现死亡病例，或者造成 30 人以上食源性疾病但未出现死亡病例；（三）故意提供虚假信息或者隐瞒真实情况；（四）拒绝、逃避监督检查；（五）因违反食品安全法律、法规受到行政处罚后 1 年内又实施同一性质的食品安全违法行为，或者因违反食品安全法律、法规受到刑事处罚后又实施食品安全违法行为。食品企业会意识到，如果不遵守食品安全规则，不仅会对其中国业务产生消极影响，还将使公司本身及公司管理层遭受严厉惩罚。

从国际的视角来看，尽管直接监管有助于建立行为预期，也有助于提供确保食品安全所需的激励措施，但此种监管方式难以克服法律法规的局限性。

6.2.2　社会治理

在食品安全的问题上，中国打破了直接监管模式的边界，从国际视角出发提出一种全新的社会治理理念。根据 2015 年《食品安全法》第 3 条，该理念被阐释为："食品安全工作实行预防为主、风险管理、全程控制、社会共治，建立科学、严格的监督管理制度。"

笔者在 2015 年曾指出，外国学者在理解该社会治理理念时可能面临一定的挑战：2013 年 11 月十八届三中全会提出了"社会治理"理念，将社会纳入治理体系，社会与政府、企业共同承担食品安全治理责任。社会治理内在地包含食品安全等社会整体利益。在中国的语境外尝试定义"社会治理"不是一件容易的事。值得注意的是，社会治理取代的是"社会管理"一词。"社会管理"在中国已经使用了二十多年，但两者在实现目标的方式等诸多方面存在差异。一个词语的改变代表的是巨大的转变。这一变化标志着社会将正式成为食品安全治理的一部分。从本质上讲，社会治理意味着社会中的主体都可以依法平等参与社会事务监督管理，为共同的社会整体利益而努力。

2019年的《中华人民共和国食品安全法实施条例》对社会共治的食品安全治理理念进行了进一步的解释说明：加强食品安全素质教育。国家将食品安全知识纳入国民素质教育内容，普及食品安全科学常识和法律知识，提高全社会的食品安全意识。促进食品安全风险交流。国家建立食品安全风险信息交流机制。国务院食品安全监督管理部门和其他有关部门建立食品安全风险信息交流机制，明确食品安全风险信息交流的内容、程序和要求。明确举报奖励制度。国家实行食品安全违法行为举报奖励制度，对查证属实的举报，给予举报人奖励。

国际社会对中国社会治理理念的理解是有局限的，但即便从这种理解出发，也可以明显看出，该理念不仅包含直接监管，还包含要求所有利益相关方承担起食品安全风险教育、信息交流以及食品安全风险报告等义务。因此，2019年的《中华人民共和国食品安全法实施条例》体现的似乎不仅限于命令控制的监管方法，还包括自我治理与合作监管这两种治理模式。

6.3 自我治理

自我治理是一种与直接监管相互对立或者说是相互补充的治理模式，对立还是补充视具体情况而定。自我治理包含多种治理形式，不同的领域采用不同的形式。

6.3.1　私营标准

自我监管是过去二十年中在许多国家相继出现的一种食品安全治理方式，通过私人合同的形式实现。各国法律一般允许个体公司以及集体公司在政府监管之外，制定和实施自己的食品安全规范。此类规范又称"私营标准"，被认为是"食品价值链条中的自愿标准"，通常由私营企业规定在与供应商签订的合同中，并据此要求供应商达到其规定的标准。私营标准最早见于欧盟，这一点是有据可查的。ISO 9000 等自愿保证标准，现已成为国际社会接受的食品安全质量保证指导准则。在中国，私营标准已经成为食品安全的治理标准。中国和很多国家的食品企业普遍采用私营标准来保障食品安全和食品质量，提高其品牌价值，建立消费者信任。

一般来说，食品企业在两种情况下会使用私营标准，一是其决定要使用自己的标准，二是其想要让供应商遵循其制定的标准。食品企业也可以选择使用其他企业制定的标准。私营标准的强制力来自标准的实施获得认证，通常是第三方认证。供货协议的形式各不相同：一种是框架合同，该框架合同由零售商起草并适用于所有供应商；另一种是食品供应链中的双边合同。

鉴于跨境食品贸易监管的复杂性与高难度，通过国际合同法制定私营标准的做法逐渐变得普遍。有学者认为，跨境私营监管的驱动因素包含以下几个方面：1. 生产水平提高；2. 食品行业与非食品行业面临的多重挑战使消费者呼吁更加强有力、有效、协调的食品监督管理；3. 单个国家难以独立完成跨境风险评估与风险管理。

6.3.2　应用

有人指出，通过私力治理食品安全问题，有效避免了政府对市场的直接干预，从而大幅降低了治理成本，同时，由此产生的"聚合责任"覆盖合同双方从订立合同、履行合同、违反合同等各环节的风险和责任。因此，此种做法"应受到当代社会的高度重视"。

尽管私营标准有利于节约治理成本，但政府应慎重对其进行评估。对于政府来说，监管食品供应链内部形式各异的合同治理不是一件易事。通常来说，私人合同中往往不会规定合同主体对消费者即合同的潜在受益者，以及其他利益相关方应承担的法律责任。也就是说，跨境私人合同往往与传统的政府监管机制脱节，进而导致其缺乏合法性。另外，还会存在"搭便车"的问题，有的人可能在完全没有参与或执行私营标准的情况下从中获利。

尽管存在上述挑战，但食品领域采用私营标准的情况很可能持续增加。实际上，私营标准在一些国家的快速发展导致不少人对其产生怀疑，他们担心私营标准可能会挑战公共监管的合法性。虽然私营标准在短期内很难对政府公力监管在中国的主导地位构成威胁，不过笔者认为，借助于合同或私营标准的自我监管在中国食品安全领域的适用范围将持续扩大，特别是在食品品牌化不断发展的背景下。值得注意的是，私营标准看上去与中国的社会治理理念不谋而合。

6.4 合作监管

近年来，合作监管的治理模式获得许多国家的青睐。在不同的国家，合作监管体现的具体形式和采用的方法各不相同。

6.4.1 自我监管与直接监管的协同效应

这种治理模式强调食品行业自我监管与政府监管的协同配合。让食品链条中的所有利益相关方参与其中，从而使食品监管体系更高效、更有效，促进各方遵守规则、降低政府的监管成本。该模式在很大程度上依赖于公私主体之间的数据共享和信息交流，依赖于对不断变化的风险以及行业环境的及时反应。

全球食品安全倡议（GFSI）是合作治理的典型例子，该倡议于 2000 年由私营企业提出，主题是私营标准的制定与融合。全球食品安全倡议已经意识到与公共部门合作的重要战略意义，因此开展了一系列活动，保持与国际国内政府部门的良好协同关系。全球食品安全倡议专门成立了全球监管事务工作组，主要负责此类活动的开展，其使命是"促使各国政府认可接纳全球食品安全倡议的基本方案"，进一步完善食品行业与政府部门在食品安全方面的协同作用，促进全球食品安全倡议与世界贸易组织《卫生和植物检疫协定》（SPS）与食品法典中各项规定的对接，实施动植物卫生检疫措施的协议。

合作监管的概念在不同的国家和地区具有不同的含义、应用方式。在过去三十年里，欧盟是合作监管作为食品安全监管工具的主要推动者。中国的一些学者最近也开始提倡此种做法。他们认为深圳近期的一项有关食品安全监管的个案研究，就是中国迈向合作监管的证明。

合作治理与其强调的共同责任尽管与中国的社会治理存在一定的相似之处，但两者截然不同。合作治理是自我监管与直接监管的融合，强调两者相互补充、协同作用。基于此，有理由认为合作治理与社会治理完全兼容。不过，从笔者的角度而言，社会治理与合作治理的不同之处体现在，社会治理倾向于将协同作用、信息共享和参与食品安全改善项目视为食品领域内相关社会成员的责任。因此，社会治理不仅适用于食品企业，同样适用于消费者、非政府组织以及媒体，是一种更加全面的食品安全治理方式。

6.4.2 公私合作

合作治理还在政府部门和食品行业之间搭建起一个正式的协作平台，即公私合作。公私合作能够有效发挥政府、学界、非政府组织以及研究人员的专业知识和经验。公私合作是美国《食品安全现代化法案》的重要组成部分，标志着从过去 FDA 侧重食品掺假标准向现在侧重私营食品安全管理体系认证的转变。公私合作在中国也受到越来越多的关注。例如，2015 年颁布新食品安全法之后不久，中国政府与全球食品安全倡议联合宣布建立三大公私合作关系，该理念也是 2018 年在东京举行的全球食品安全倡议大会的会议主题。另外，中国政府还与东盟建立了公私合作，例如侧重安全能力建设的食品行业联盟（FIA）。

6.4.3　评价

合作监管对于食品安全的潜在好处不言自明，一味地强制只能带来最低程度的消极守法并导致公共健康状况难以改善，同时还会浪费大量的执法资源、监管资源。监管行为的存在本身表明了高居不下的违规率。然而，在世界上大部分地区，合作监管仍然是一个相对较新的概念。食品行业参与者之间缺乏信任以及市场主体在食品安全监管中施加影响，导致公私主体很难达成密切合作。此外，要制定出能够平衡公私成本效益的食品安全政策，也不是一件容易的事。公私关注的利益点往往不同，受私营企业欢迎的食品安全监管体系未必能够带来很好的社会效益。

6.5　中国机遇的国际视角

6.5.1　实现社会治理：　良好实践分享

笔者认为，中国将会综合利用直接监管、自我治理、合作监管的治理模式，最大化三者的协同作用，以改善本国人民及其全球贸易伙伴的食品安全状况。中国还将结合其法律法规中提出的独特社会治理理念对上述治理模式进行完善。根据社会治理理念的基本原理，有理由相信中国将对创新实用的食品安全治理方式持开放态度。

一种方式是鼓励食品企业与政府部门分享良好实践，包括对遵守法律的合规管理以及法律法规之外的保障消费者食品安全的好的做法。这种方式在本书的案例分析部分也有介绍。这种方式能够促使更多的食品企业尝试好的做法。此类尝试像孵化器一样，能够帮助企业更好地进行绩效评估，并在必要的时候做出调整。企业平时应认真记录好的做法和经验，与政府部门和其他利益相关者交流分享，这也是社会治理理念的应有之义。

经验分享能够带来很多好处。首先，它表明中国食品行业对政策的影响力，这是其他治理模式不具备的优势。其次，食品企业良好实践经验的孵化和完善有利于帮助政策制定者不断改进政策内容。再次，经验分享有利于催生共同责任的理想模式，使食品安全监管朝食品行业与政府部门协同合作的方向发展。最后，此种做法代表着食品安全治理的切实、直接的转变，向公众传达出食品企业对消费者福利、政府部门监管能力的密切关注，有利于建立起消费者信任。

综上，良好实践分享的做法具有战略意义，是切实可行的社会治理方式，有利于促进合规管理和信息共享，使消费者最终受益。

6.5.2 世界典范

中国学者还需要对良好实践分享这种做法进行进一步研究，探索将其纳入共同治理责任等中国特色法律政策的可能性。探索促进此种合作关系的策略和工具的研究同样有趣。这种探索一旦取得成功，中国将成为良好实践分享的做法的开创者和领导者，中国的治理策略将成为其他国家和地区争相学习借鉴的典范。

食品安全治理策略的完善为其他相关做法奠定了基础。例如，良好实践分享可用于改进营养、标签、广告、环境等。社会治理与食品监管的协同有利于科技型新兴企业发展，例如健康食品公司，此类企业借助于科技进行食品生产，其社会使命也不仅局限于保障食品安全。例如，行业领导者超越肉类公司（Beyond Meat），中国人对这个公司可能比较陌生，这家公司不仅生产安全食品，还因积极承担环境、动物、营养等方面的社会责任而享有较高的社会声誉。该公司是一家总部位于美国的公司，在全球 85 个国家/地区拥有 11.2 万家零售和餐饮服务网点，于 2020 年 4 月 20 日进入中国市场。据笔者了解，其已与嘉兴经济技术开发区签订协议，计划开发建设两家生产工厂，使其成为植物肉类领域首家将主要生产设施引入中国的跨国公司。

6.6　结语

　　食品安全治理理论与模式是一个国家保障公共健康责任的重要组成部分。本章涉及的模式在过去、现在和未来都是食品安全监管领域的主要研究对象。对此类模式的研究不仅针对中国，而且面向世界各国。此外，模式之间的交叉策略研究以及有助于食品政策完善的实践策略研究也同样重要。良好实践分享便是此类策略研究中的一种。如果实施得当，良好实践分享将有利于落实中国社会治理理念，也有利于改善中国消费者公共健康。

7

结语：企业建立
食品法规合规制度概述

国家推荐性标准 GB/T 35770《合规管理体系 指南》等采用 了 ISO19600—2014 Compliance Management Systems—Guidelines 指南的内容，指出"合规是组织可持续发展的基石"。就实践进展而言，越来越多的食品企业重视食品法规合规工作，乃至将其视为对生产力的重要支持力量。而且，福喜事件表明：企业自身的合规与否会关联整个供应链的有序运作，即一方企业违规会连带国内外合作商的经济、声誉受损。无疑，当下国内外对于违规企业的重罚强化了企业应当重视合规的趋势。但是，可能闯红灯的"第一个吃螃蟹者"的改革精神和不断趋严的外部法治环境使得企业合规依旧面临着"对内以防控责任风险"和"对外以优化营商环境"的挑战。具体到食品企业，合规工作除了企业营运需要遵守的共性的法律法规规则外，还需要面对专业性很强的食品法律法规标准体系，这增加了企业保证合规的难度。如何迎难而上，可以从以下三个方面探索将点滴的合规工作形成合规制度，并借助内部的合规文化建设和外部的法律制定参与来升级企业合规。

7.1 大合规和小合规

对于食品企业而言，"大合规"是指包括合同审计、诉讼应对的一般合规和基于食品安全法律的具体合规，"小合规"特指食品企业合规中的"食品法规"，且往往由专设的食品法规团队完成该项工作。在我国，所谓"食品法规"是指食品安全法律体系规定的要求，包括以食品安全标准这一形式体现的强制执行的技术要求。需要指出的是，食品安全法律有国别特点，外企在进入中国后，应当以本地法规为合规依据。尤其是，在直接适用一些国际上比较成熟的质量管理体系时，其自成体系的规则会因为制定基础和发展背景与我国的一些规定存在差别。此外，食品企业合规应当明白：推荐性标准也是我国标准体系中的重要内容，但当推荐性标准被相关法律、法规、规章引用，则该推荐性标准具有相应的强制约束力，应当按法律、法规、规章的相关规定予以实施。

食品企业的合规工作从产品开始。由于产品标签的可视化和直观性，合规工作一般始于标签的合规审查。在此基础上，逐步建立覆盖原料、生产过程等的合规工作。这一过程的转变便是将外部的法律规定分解到内部的质量控制等工作中。当然，不同的企业会有不同的内部质量管理体系，合规的"内外转换"便是结合这些内部的管理要求将外部的法律规定落实到具体的操作中，由此而来的内部操作规则和管理要求便形成了企业的内部合规制度。这表明食品企业的合规制度并不是自成体系的一套规则、流程和审核，而是需要根据企业实务，对外部规则进行量体裁衣式的分解和整合，以提高合规效率。

其中，理解食品法规合规团队工作的一个维度便是仅限于外部法律规定的内部转换，而当其内化为其他各类业务的具体要求时，合规落实便转为食品安全管理和质量管理等团队的管理工作。因此，这要求企业的食品合规部门需要和多个相关职能部门密切合作，合规人员不仅会解读法律规定，还会以正确的语境保持与企业内不同部门的交流，尤其是增进不同专业知识、不同工作目标之间的理解力和兼容性，如合规团队和产品设计团队、质量管理团队和市场营销团队之间的沟通。

7.2 固化合规制度和强化合规行为

徒法不足以自行。同样，只是"跃然墙上"的合规制度也不能使之自己发生效力。实践中，很多食品企业因为食品安全问题被曝光，例如将落地的食材继续用于生产，一个根源便是没有切实落实自己制定的诸如 GMP 等管理制度。如何确保食品企业的前线操作人员践行食品安全的规则要求，企业合规文化提供了破解之道。诚然，鲜有文化属于共识，但文化由内而外地改变甚至约束人们的行为确实有目共睹。从形式上来说，企业合规文化外化为应当遵守的内部合规制度，但其之所以由内而外地影响操作人员的行为是基于理念和价值的认同，进而"令行禁止"，而非"阴奉阳违"式地落实合规要求。在这个方面，管理层和领导者的承诺和践行可以发挥示范和带动效应。

就如何建立企业合规文化而言，提高透明度是一个正确的路径选择，进而让各种舞弊行为无所遁形。在此基础上，可以结合企业的合规工作从以下三个方面推进合规文化的创建。一是企业合规人员落实解读和转换外部法规要求的工作，以便所有人员遵守法律、法规、标准和公司规章制度的规定。二是当法规赋予企业自由裁量以便结合企业自身场景灵活适用法律要求时，合规人员应当通过判断选择做正确的事。所谓"正确"便是谨记：其一，保障食品安全，不得损害消费者利益；其二，卖出去的产品应当合规，以避免损害企业利益；其三，对于监管部门的直观判断，产品应当是符合要求的。也就是说，上述的裁量不能仅仅只是将企业的利益最大化，而不顾消费者的利益和怀揣逃避监管的侥幸心理。三是所有的决定都做好记录。当然，这不是指事无巨细地记录所有的讨论内容，而是将影响决策的重要依据记录在案，进而确保解决后续争议和自证合规工作时有据可查，以保护企业和自身利益。

7.3 从被动合规转向主动合规

无可讳言，盈利就是企业的使命。合规工作由于以否定性意见居多而被视为"发展阻力"。事实上，仅仅只是比照潜在的企业行为和法律规定并以不相符合便全盘否定企业行为只是一种机械合规。相反，由于法律规定的一般性和抽象性，其在企业内的适用往往需要结合具体的场景来解读一些要求。因此，合规的价值在于对法律规定的了解，来实现企业为满足多变的消费需求而不断创新产品的诉求。事实上，当正确解读法律能促进企业的事中和事后合规时，合规人员能了解法律制定的意图和趋势，也可以在提升自己解读法律能力的同时帮助企业提前调整产品研发工作和制定符合趋势的发展战略。鉴于此，从对内的法律解读、分解落实到对外的法律学习、制定参与都应是食品合规人员的工作范畴。

就后者而言，外部的法律规定不仅是企业合规的依据，同样也会成为合规的挑战所在。这可以体现在不同法律效力的规范和食品安全标准以及不同主体制定的食品安全标准之间会存在冲突。尤其是，食品本身的种类繁多，创新持续，且生产过程中还涉及多种食品添加剂的使用，如果国家层面和地方层面在分类和监管规则上存在冲突，如不同层级或不同地区的规则相左，便会导致企业合规的无所适从和过渡阶段的成本加剧，如辣条是"中式糕点"还是"调味面制品"的不同分类便会导致添加剂使用种类的变更。对此，应当指出的是，食品生产和销售的一个特点是全国性，规则冲突会加剧跨地区流通的合规难度和成本。

当合规意味着符合既有的强制性规则时，无论是开门制修法律还是标准制定中的跟踪反馈都为企业诉求更科学和更具操作性的规则提供了参与渠道。有鉴于此，尽管合规人员的内外工作都是为了解决企业一个微观的合规问题，但积极参与外部的规则制定，也能为宏观上优化营商环境提供行业助力。特别是一些行业性的合规问题，更需要依赖于企业之间的合力来化解合规难度，即以积极的外部参与和合作将被动合规转变为主动合规。对于实现这一目标，值得一提的是，当食品企业的合规有赖于合规团队的组织建设时，长期以来，食品企业合规人员的专业性源于食品科学等工学，但法律自身的专业性也加强了食品合规人员跨专业的发展诉求。对此，除了加强合规人员的自身学习，也需要企业在重视合规工作的同时提升合规人员的内部地位，进而以规则意识规范并制衡其他部门的行为。

7.4 结语

综上，食品企业可从识别解读法规要求、制定措施落实合规、整合相关管理制度、评估措施有效性、管理不合规并持续改进这些方面以有序地夯实企业合规工作、完善合规制度和建设合规文化。尤其需要强调的一点是：合规是一项持续性工作，包括通过评估来确认规则本身和合规操作是否依然有效，以及应对设备老化等问题导致的应急性合规改进和人员更替等带来的动态性合规管理。

附 录

食品经营领域放管服 改革典型事例

食品经营领域放管服改革典型事例

中国食品安全法治大会（2019）
2019 年 11 月 24 日

编写说明

党的十九大报告明确提出实施食品安全战略，让人民吃得放心。这是党中央着眼党和国家事业全局，对食品安全工作作出的重大部署。坚持改革创新，加强和改进食品安全监管制度，推进食品安全领域国家治理体系和治理能力现代化，是持续满足人民日益增长的美好生活需要对食品安全工作新要求、新期待的重要战略选择。

以食品经营领域"放管服"改革为代表的改革创新，是落实食品安全法科学监管、社会共治等基本原则的最佳实践，是推动食品安全治理体系和治理能力现代化的重要举措，有利于推进食品安全科学治理、精准治理。在此背景下，我们通过对法规文件、公开报道等梳理，汇编撰写了《食品经营领域放管服改革典型事例》，供各方参考，各地放管服经验的介绍排名不分先后。

因时间和视野有限，肯定有所遗漏，不足之处还请指正。

编写人（按姓氏笔画排序）

丁　冬　法学博士，美团点评食品安全政策总监

孙娟娟　法学博士，中国人民大学食品安全治理协同创新中心研究员

刘金瑞　法学博士，中国法学会食品安全法治研究中心研究员

目　录

前　言

一、推进"放管服"改革，优化营商环境是党中央国务院的重要决策部署

党中央、国务院高度重视优化营商环境工作。2015年5月12日，在全国推进简政放权放管结合职能转变工作电视电话会议上，李克强总理提出，当前和今后一个时期，深化行政体制改革、转变政府职能总的要求是简政放权、放管结合、优化服务协同推进，即"放、管、服"三管齐下。

2019年6月25日，李克强总理在《在全国深化"放管服"改革优化营商环境电视电话会议上的讲话》中指出，推进"放管服"改革，优化营商环境，对保持我国经济平稳运行、促进经济社会健康发展具有重要意义，"放管服"改革是一场刀刃向内的政府自我革命，旨在重塑政府和市场的关系，使市场在资源配置中起决定性作用，更好发挥政府作用。

2019年10月22日，《优化营商环境条例》正式颁布，并于2020年1月1日起正式实施。《优化营商环境条例》对明确国家持续放宽市场准入，实行全国统一的市场准入负面清单制度，并针对推进全国一体化在线政务服务平台建设、精简行政许可和优化审批服务、减证便民、建立政企沟通机制等做了详细规定，从制度层面为优化营商环境提供了更为有力的法治保障和支撑。

2019年10月31日，《中共中央关于坚持和完善中国特色社会主义制度　推进国家治理体系和治理能力现代化若干重大问题的决定》指出，要深入推进简政放权、放管结合、优化服务，深化行政审批制度改革，改善营商环境，激发各类市场主体活力。

2019年11月，习近平总书记在第二届中国国际进口博览会开幕式上的演讲中指出，营商环境是企业生存发展的土壤……今后，中国将继续针对制约经济发展的突出矛盾，在关

键环节和重要领域加快改革步伐，以国家治理体系和治理能力现代化为高水平开放、高质量发展提供制度保障。

二、食品经营领域"放管服"改革是加强和改进食品安全治理的重要选项

食品经营领域的"放管服"改革，是市场经济领域"放管服"改革的重要组成部分。2018 年 10 月 10 日，《国务院关于在全国推开"证照分离"改革的通知》明确提出"取消审批""审批改备案""简化审批，实行告知承诺""优化准入服务"四项具体改革方向。以食品经营领域为例，该通知提出：一方面，对食品经营许可要从推广网申网办、压缩审批时限、精简审批材料、公开办理程序和要求、公示办理进度、推进部门间信息共享等"优化准入服务"；另一方面，对小餐饮、小食杂、小作坊的经营许可，赋权地方市场监管部门从尽量方便群众、有利于群众就业的角度出发，坚持保障安全、卫生的原则，自主决定改革方式。

2019 年 5 月 9 日，《中共中央 国务院关于深化改革加强食品安全工作的意见》明确指出，坚持"放管服"相结合，减少制度性交易成本，通过改革许可认证制度等方式，推动食品产业高质量发展。比如，深化食品生产经营许可改革，优化许可程序，实现全程电子化。制定完善食品新业态、新模式监管制度。利用现有相关信息系统，实现全国范围内食品生产经营许可信息可查询。

2019 年 10 月 31 日，《中共中央关于坚持和完善中国特色社会主义制度 推进国家治理体系和治理能力现代化若干重大问题的决定》指出，要加强和改进食品药品安全监管制度，保障人民身体健康和生命安全。

食品安全监管部门高度重视食品经营"放管服"改革的实践，积极探索优化许可，推行登记备案等改革方式。2017年 9 月，为贯彻落实习近平总书记关于抓好餐饮业质量安全重要指示精神，《国务院食品安全办等 14 部门关于提升餐饮业质量安全水平的意见》提出，对符合条件的餐饮商户发放经营许可证，依法依规加强小餐饮、小饭桌等许可或备案登记管理，实现餐饮业许可管理全覆盖。2018年11月9日，《市场监管总局关于加快推进食品经营许可改革工作的通知》印发，从试点许可告知承诺制、优化许可事项、缩短许可时限、全面推行许可信息化四个维度，要求各地市场监管部门在食品经营领域推行"放管服"改革。

在此背景下，各级党委、政府和市场监管部门通过制定法规政策、出台具体改革举措等方式，积极推进食品经营"放管服"改革，积累了一批可复制、可推广的经验模式，为提升食品安全治理水平，促进食品行业高质量发展奠定了良好基础。这些经验做法，代表着中国食品安全有效治理的最佳实践范本。

第一部分　优化经营许可改革，推进登记备案，解决准入准营难题的良好实践样本

上海

上海是全国改革开放排头兵和创新发展的先行者。在证照分离改革等方面，是先行先试的试验区。近年来，上海市委、市政府和食品安全监管部门，高度重视食品经营领域的"放管服"改革，坚持包容审慎、分类监管、精准施策、敢于创新的食品安全治理理念，探索出了一系列可复制、可推广的经验模式。

一、多措并举，着力解决食品经营许可办理难题

原上海市食品药品监督管理局指出，食品经营是与群众生活和社会经济发展密切相关的民生领域，近年来各级食品药品监管部门不断深化食品经营领域"放管服"改革，但企业反映还存在办证难、办证慢等问题。为此，监管部门积极探索优化许可改革方案。2018年7月15日，《上海市食品经营领域进一步深化"放管服"改革优化营商环境"十二条"措施》

印发，着力解决经营许可申请难题。

（一）统一审批要求简化许可事项办理

针对上海市许可审查执行标准和申请材料不够统一、许可现场核查影响审批效率等情况，提出：①各区市场监管局应严格依照许可规定，收取许可申请材料和开展许可审查，不得增加规定以外的申请材料和许可条件；②明确许可审查环保选址要求，规定食品从业人员健康证明、食品安全管理人员食品安全知识培训合格证明不在许可环节收取，暂无法取得餐厨废弃油脂产生申报、收运合同可承诺后先行办证；③在上海市食品经营许可现有要求和部分区试点基础上，规定区市场监管局对六项食品安全风险较低的食品经营事项，在履行告知承诺程序后，可根据申请材料作出许可决定。

（二）加强服务指导提高审批效率

落实简化流程、缩短时限、加强办证指导、提供办事便利等"放管服"，提出：①全面推进"一网通办"，努力实现食品经营许可减环节、减材料、减时间和申请人只跑一次、一次办成的目标，网上办事平台对接"一网通办"总门户，全面启用电子证书；②对申请名称、法定代表人、门牌号变更和许可证补正、注销等事项，从法定20个工作日缩减至3个工作日；对无须现场核查的，缩减至7个工作日，鼓励区市场监管局进一步缩短时限并向社会承诺；③区市场监管局应提供许可办事指南、申请材料范本等针对性办证指导，提前介入、主动指导、批前指导、上门服务；统一连锁门店许可要求，对连锁企业各门店集中变更的，在许可办理中提供相关便利。

（三）支持新兴业态包容审慎监管

针对近年来不断出现的食品经营领域的各类新兴业态，提出：①受理窗口对新业态、新工艺不应简单说"不"，研究后属于新业态、新工艺的，应当向市食药监管局报告，对食品安全风险较低的新业态、新工艺，监管部门采取审慎监管措施；②相关部门制定服务支持食品行业创新指导意见，在保障食品安全基础上，采取分类许可和监管措施，精准服务，鼓励支持创新。

（四）加强事中事后监管破解企业准入难题

①加强对未现场核查或以书面形式承诺符合条件的食品经营者的事中事后监管，区市场监管局自许可决定之日起 1 个月内开展监督检查，发现经营条件不符合要求，提交的申请材料与实际情况不符，或者实际情况与承诺内容不符的，做出限期整改、依法撤销许可、依法查处违法行为等处理；②同一场所前证不注销、后续企业无法领证是企业集中反映的影响食品经营准入的难题，上海市食品药品监督管理局将研究出台相关指导意见和工作程序，释放食品经营场所资源。

二、推行小餐饮备案管理，着力解决无证难题

长期以来，由于房屋产权性质等非食品安全因素，小餐饮获得经营许可证存在相当难度。在无证食品经营治理过程中，上海正确分析行业实际情况，分类精准施策，提出对具备许可条件的，引导和督促其办理证照；对小型餐饮服务提供者，按照优化营商环境要求和商事制度改革"宽进严管"精神，对符合临时备案条件的，予以临时备案，加强事中事后监管。

2016 年 3 月，《浦东新区内小餐饮店备案和监督管理办法（试行）》实施。推行 1 年后，仅有 2 家小餐饮获得备案，面临叫座不叫好的局面。监管调研发现难点在于：大量小餐饮因房产性质办不出营业执照，而申请备案要求必须取得营业执照在先，营业执照获取难成为制约小餐饮备案制推行的关键障碍。上海市食品药品监管部门坚持创新包容的法治治理理念，通过加强与立法机关沟通协调，最终在制定《上海市食品安全条例》及《上海市小型餐饮服务提供者临时备案监督管理办法（试行）》时，取消了备案需要营业执照的要求，为顺利推行小餐饮备案扫除了制度障碍。小餐饮备案数从浦东试点的 2 家变为 8000 多家。制度改革释放了巨大红利。2017 年 1 月，新修订的《上海市食品安全条例》规定，未取得经营许可，但经营食品符合食品安全卫生要求、不影响周边居民正常生活的小型餐饮服务提供者，应当向所在地乡镇政府或街道办事处办理临时备案。2017年5月，《上海市小型餐饮服务提供者临时备案监管办法（试行）》，明确备案无须取得营业执照。《上海市网络餐饮服务监管办法》同时明确持许可证件或临时备案凭证均可从事线上线下经营。

2018年以来，上海启动无证照食品经营专项治理。市委副书记、市长应勇在食品安全工作视频会议上强调，治理无证照食品经营，要疏堵结合、以疏为主，锁定存量、遏制增量，一些传统业态要从方便群众生活的角度出发，创新监管方式方法，引导其规范发展。小餐饮备案的推行，为全面消除无证照经营，实现食品经营许可、备案100%全覆盖奠定了良好基础。

三、持续创新，探索"一业一证""一证多址"

（一）"一业一证"，降低制度性交易成本

2019年7月，浦东新区率先探索"一业一证"改革，该项改革是全面落实《支持浦东新区改革开放再出发实现新时代高质量发展的若干意见》的重要战略部署，在"证照分离"改革基础上，进一步先行先试、率先探索的重大改革举措。

"一业一证"改革把一个行业准入在"政府侧"涉及的多个审批事项整合为"企业侧"的"一张许可证"，对进一步实现"照后减证"、破解"准入不准营"、增进市场主体获得感具有重要意义。一业一证体现在以下几个方面。①许可上"多证"变"一证"。改革前开便利店需申请办理《食品经营许可证》《酒类商品零售许可证》《药品经营许可证》《第二类医疗器械经营备案凭证》《烟草专卖零售许可证》5张许可证，改革后仅需申办一张《行业综合许可证》。②流程上"串联"变"并联"。在提前服务、材料审核、现场检查等环节再造审批审核流程，变"串联"为"并联"，变"多套"为"1套"，办理时限压缩至5个工作日，较法定时限95个工作日缩减95%，较承诺时限38个工作日缩减87%。③材料上"众

多"变"精简"。申请材料由改革前的 53 份压减至 10 份，减少 81%；填表要素由改革前的 313 项减少至 98 项，减少 69%。

"一业一证"探索以改革授权为基础的法治保障。按照法治先行、于法有据的原则，浦东人大常委会充分运用市人大改革授权，于 2019 年 7 月 29 日出台了《浦东新区人民代表大会常务委员会关于进一步优化营商环境探索"一业一证"改革的决定》。区政府设立行政审批局，面向企业一口办理行业综合许可证。"一证准营"的实现，大幅降低了企业在市场准入方面的制度性交易成本。

（二）探索"一证多址"，优化营商环境

2019 年 4 月以来，长宁、虹口等探索食品经营许可"一证多址"改革试点。针对总部登记在该区，从事"互联网+食品"经营和食品销售、餐饮服务企业的分支机构，如符合装修标准统一、商品配送统一、经营模式统一、食品安全风险可控等要求，在区内开设新分支机构，无须重复申请，只需在总部许可证上新增网点地址。长宁首批 5 家试点企业包括猩便利、美团买菜、沙绿轻食等智能零售、生鲜电商、传统餐饮商户。虹口还将打通困扰餐饮行业同一场地未经清理无法重复办理证照的痛点，允许后续经营者依法在相同场所范围内办理食品经营许可证。

2019 年 9 月，上海市市场监管局印发《上海市食品经营许可"一证多址"审批实施方案（试行）》，将试点扩大到长宁、黄浦、浦东、虹口四区。明确企业总部经现场评审合格后发放《食品经营许可证》；分支机构（直营门店，不含加盟店等）采取告知承诺方式审批，不再单独发放许可证。分支机构的许可信息标注在总部许可证上。"一证多址"审批适用于：在本市注册，在本市范围内具有同一企业总部、使用统一商号（字号），实行统一采购配送食品、统一规范经营管理，并在本市范围内已有 10 家及以上分支机构，且各分支机构经营项目、工艺流程布局、设备设施相同或相近的企业法人。

浙江

2019 年 5 月，浙江发布《关于深化食品经营许可改革的实施意见》，9 月 1 日起正式实施。该意见明确了优化经营许可改革的若干举措，并推动各地实施。该实施意见是浙江推进食品经营领域"放管服"改革的具体体现。

一、实施告知承诺制

对新申请许可（限销售预包装食品、保健食品）、自愿接受评审且通过评审的直营连锁食品经营企业门店新开办许可、申请变更、延续许可（限经营条件未发生变化）等三种情形，食品经营者在规定时间内提交的申请材料齐全、符合法定形式、书面承诺材料符合发证条件的，监管部门依据申请人的申请，当场核发食品经营许可证。并通过加强事中事后监管的方式，对以不正当手段取得许可、实际经营情况与承诺内容严重不符等情形加强监管。

比如，在省局方案实施一周内，嵊州市市场监管局的服务窗口已受理新办食品经营许可证 40 家，新办完结食品经营许可证 20 家。监管部门通过提前告知申请人审批标准，申请人对经营条件自我评估，签订告知承诺书，免于现场核查，当场领证，当场办结"告知承诺制"许可证 9 家。

二、推行"最多核一次"

"最多核一次"针对两种情形：①告知承诺制实施范围以外的食品销售经营者；②中小型餐饮、选择办理许可证的小微餐饮、供餐人数 300 人以下（含）的单位食堂（除学校、托幼机构、养老机构食堂、内部配送中心）。根据申请人自我评估后的申请，监管部门 7 个工作日内安排现场核查（可视频核查辅助），关键项不符合要求的不予通过；关键项全部符合要求，一般项不符合要求数量小于 40% 的，申请人签署整改承诺书后，可作出准予许可决定。

比如宁波保税区市场监管分局推行"最多核一次"改革，现场检查侧重于关键指标，关键指标合格而部分一般指标不符合的，企业签署整改承诺后，现场检查视作通过。这压缩了现场核查及企业整改时间，有效减轻了企业办事负担，监管人员也减少了反复核查环节。该分局有关负责人介绍，"最多核一次"改革是深化"放管服"改革，营造良好的营商环境、服务大众创业的便民措施。

三、缩减许可流程、精简审批材料、缩短许可时限

将许可程序缩减为：受理、审核、发证三环节。申请人提交相关材料或证明，监管部门予以受理，审核通过后当场发证或邮寄给申请人。材料精简为：申请表、主体资格证明（可在线共享获取的无须提交）、与食品经营相适应的设施设备布局、操作流程文件。外设仓库的，提交仓库储存平面图，属于自有房屋的提交产权证明，租赁的提交租赁协议。遗失补办由申请人提交遗失声明，不再提交县级以上地方市场监管部门网站或者其他县级以上主要媒体刊登的遗失公告。

除当场可作出许可决定、当场发证外，作出许可决定的时限缩短至自受理申请之日起 10 个工作日内；特殊原因需延长的，经本行政机关负责人批准，可延长 5 个工作日，但应将延长时限的理由告知申请人。各地可根据实际，进一步缩短许可审查和发证时限。

四、实施证照联办

在已实现食品经营许可与营业执照联办的基础上，更大程度实现食品经营许可与申领执照的数据共享、信息互认，提升证照联办网上申报率，推进申请人网上申请证照、网上受理、网上审核、电子归档，实现证照联办全程无纸化、零见面审批。推动精简许可证证面信息，完善食品经营许可证二维码的功能。融合移动执法终端，实现现场核查信息实时上传和流转。

比如，台州作为浙江省食品经营许可改革试点单位，实现证照联办"一条龙"、证照申请"一张表"、行政审批"一个窗"、数据共享"一张网"、规范审批"一条线"的"五个

一"目标，改革力度和便民化程度在全省乃至全国处于前列。

辽宁

2018 年以来，辽宁正式印发《全面推开"证照分离"改革实施方案》，部署市场经济各领域"放管服"改革。特别是针对群众关心的小餐饮等，全省市场监管部门立足民生实际，主动将审批频次和群众关注度高的"小餐饮、小食杂、食品小作坊的经营许可"确定为告知承诺审批事项。各地强化改革事项提交材料、审批流程、办结时限等规范公示工作，研究编写《"证照分离"改革办事指南》，在相关窗口公布，方便市场主体办理审批。多市立足实际，形成了"将多次现场核查整合为一次""将适宜于告知承诺的优化准入事项改为告知承诺审批""大力推行审批事项全程网上办""一窗受理、信息共享、同步办理"等卓有成效、值得推广的好做法，推动了"证照分离"改革的纵深发展、横向开拓。

一、推行小餐饮经营许可告知承诺制

为进一步破解"准入不准营"问题，激发市场主体活力，辽宁省市场监管局积极采取有效措施，有序推进食品生产经营许可改革工作，进一步优化营商环境。小餐饮属于重要的民生领域，承载着服务本地社区群众日常生活的基础功能。在此背景下，辽宁对全省范围的小作坊和 80 平方米以下的小餐饮实行告知承诺制改革。

为推行这一改革，监管部门制定了全省统一的小作坊和小餐饮许可行政审批告知承诺书，明确申请人承诺符合审批条件并提交材料后，可当场取得许可证并依法从事生产经营活动。截至 2019 年 7 月底，全省市场监管系统即时办结该项经营许可 4.5 万余户，有效促进了行业高质量发展和食品安全水平提升。实行告知承诺的改革事项，总体办结时限较改革前法定审批时限平均缩减 90% 以上。

以沈阳为例，监管部门在确保食品安全标准前提下，优化小餐饮许可审批标准，指导小餐饮业户对环境卫生、设备设

施、加工操作流程等整改提升，从而获得小餐饮许可，达到合法经营。一方面，进一步简化许可前置要件，将6项材料减少为3项（减少了经营者身份证明、从业人员健康证明、食品安全管理制度）。另一方面，检查发现与承诺内容不符的小餐饮，要求其限期整改；整改后仍不符合条件的依法撤销许可；发现违法行为的，依法查处。对经过"放管服"提升后仍达不到许可标准的，依法取缔。通过"放管服"改革，全市持证小餐饮达3万余户。

二、优化许可准入服务，推广许可电子证书

在优化食品经营许可准入服务方面，一是全面推行食品经营许可电子证书，实行审批、公示、发证"三同时"；二是将法定审批时限由20个工作日压缩为10个；三是餐饮服务类食品经营许可前置要件由10个减少为4个；四是试点推行告知承诺制，对新申请预包装食品销售、经营条件未发生变化申请变更或延续许可的，试点推行告知承诺制，当场核发《食品经营许可证》。优化准入服务的改革事项，相关部门普遍采取精简材料、减少环节、压缩时限、推行网办等措施，总体办结时限较改革前的法定审批时限平均缩减65%以上。全省11681户食品经营者通过优化准入服务措施取得了食品经营许可。

以大连为例，该市积极推进许可网申网办和电子证书应用。2018年9月5日，发出辽宁首张食品经营许可电子证书。申请人可网上申请注册、填写信息、上传材料，通过现场核查和审批后，可直接通过注册信息打印许可证、查询办理进度。在办理许可过程中，免去了来回奔波、排队等候的时间，又减轻了窗口压力，办事效率成倍提高。不便于网上申请的，各级审批机关仍保留线下申请渠道，有序推进许可全流程电子化工作，做到"线上线下"均能畅通办理。据悉，大连目前有近8万家食品销售、餐饮服务等食品经营单位。经营许可放管服改革的大连实践，为大连食品行业的规范有序发展和食品安全治理提供了坚实保障。

三、主动跨前服务，加强食品经营许可办理的指导帮扶

食品经营许可的申请，需要大量前期筹作。不少食品经营者对许可办理前期筹备存在不少疑惑，在场地改造和设施设备布局等方面如何更好地保障食品安全缺乏有效认知。加强食品经营许可办理的指导帮扶，帮助餐饮商户做好经营许可的前期准备工作，值得做更多探索。

以沈阳为例，沈阳提出实行"重大项目及其配套服务项目帮办和前审制"，执法人员根据企业实际需求，提前介入审批筹备环节，采取图纸审查、现场答疑、帮审结合等方式，切实提高审批效能和服务质量。负责餐饮许可现场审查的监管人员总结指出，餐饮企业在店面布局和流程设计上的重要需求是"不走回头路"。通过对商户后厨布局、流程设计、设施设备等加强指导，施工前介入图纸规划设计，可以帮助商户避免因布局不合理而拆改的情况，既可以帮助商户减少因反复拆改带来的不必要成本，也可以通过指导更好地确保餐饮服务经营场所布局合理，更好地保障食品安全。

河南

民以食为天，餐饮行业与人民群众的日常饮食生活密切相关。餐饮行业的持续规范健康发展，承载着稳就业、稳增长，满足人民群众对美好生活向往和需求的诸多功能。2018 年，河南省餐饮收入达 3018.53 亿元，同比增长 11.7%。从 2015 年的 2000 亿元到 2018 年的 3000 亿元，短短 3 年时间增收千亿元，凸显河南餐饮业的活力，也是河南经济社会平稳发展的新引擎。餐饮行业的良性发展，离不开监管部门持续推进的放管服改革各项措施的保障。

一、推行小经营店证照联办举措，着力解决准入准营问题

河南各级市场监管部门，从优化营商环境，落实"放管服"改革要求出发，着力破除审批服务中的体制机制障碍，方便群众办事创业。根据省政府加快实现"一网通办"前提下"最多跑一次"改革的决策部署，按照中共中央办公厅、

国务院办公厅《关于深入推进审批服务便民化的指导意见》、省政府《关于深化"一网通办"前提下的"最多跑一次"改革推进审批服务便民化的实施方案》、省政府办公厅发布《关于在全省推开"证照分离"改革的通知》等要求，在全省范围内开展食品小经营店登记便利化（"证照联办"，即食品小经营店《个体工商户营业执照》和《河南省食品小经营店登记证》联合办理）改革。

"证照联办"以商事登记"先照后证"要求为基础，以食品小经营店开办为"一件事"，按照"一窗受理、信息共享、视情容缺、集成服务"的工作模式，采取"一窗综合受理、后台分类审批、多种方式出件"的方法，推行食品小经营店"容缺受理"和"证照联办"机制，实现准入准营事项"最多跑一次"的目标。

一是实行一窗受理。申请人就近选择辖区市场监管部门或通过"省企业登记全程电子化服务平台"提交"证照联办"申请材料，辖区监管部门一窗受理。

二是实行容缺受理。所谓"容缺受理"，是针对那些具备基本条件、主要申报材料齐全且符合法定条件，但次要条件或手续有欠缺的行政审批事项，职能部门可以"暂时性容忍"办理，办事群众和企业只需在相应时间内补齐相应材料即可。最通俗的解释，就是"手续未齐，申办事项一样办好"。河南省市场监管部门全面梳理分析个体工商户营业执照和食品小经营店登记证申报材料、办事流程和环节，落实"减层级、减事项、减材料、减环节"要求。申请人申请"证照联办"时，将作为《河南省食品小经营店登记证》审批主体资格认定要件的个体工商户《营业执照》复印件作为允许容缺项实行容缺受理。此外，对相同材料不得要求申请人重复填写、提交。

三是压缩登记时限。优化和规范办事流程，将食品小经营店"证照联办"时间压缩至4个工作日内，其中工商登记不超过2日，小经营店登记不超过2日。

郑州、洛阳、平顶山等各地市场监管部门均积极推行小经营店登记证照联办和容缺受理，为实现小微业态的规范治理，依法纳入监管视野提供了很好保障。

二、深入推进"一网通办"，"最多跑一次"改革

河南省市场监管局相关负责人指出，全省市场监管各级窗口单位必须坚持以人民为中心，突出问题导向，补齐工作短板，持续深化"一网通办"前提下"最多跑一次"改革，深入推进审批服务便民化，增创商事制度改革新优势。在推进改革过程中，以"简政放权"为根本，以"便利化"改革为导向，把加强信息化建设，优化窗口工作流程，提升服务窗口质量作为改革中的重要一环，创新机制，以窗口建设推动商事制度改革和营商环境持续改善。

以食品生产经营许可为例，积极推进许可办理的智能化和便民化。以方便企业群众更快更好办事为导向，深入推进食品生产经营许可优化改革，提升服务质效。全面梳理了全省食品药品审批服务事项清单，在省政务服务事项管理系统对95个要素信息进行更新维护，开发省、市、县三级食品药品许可、备案、登记事项全程网办系统，实现"一网覆盖到底、分级分事权办理、数据一口归集"。认真解决涉及食品生产经营许可中的堵点问题。目前，在省级层面，102个食品药品审批事项"网上可办"率和"一网通办"实现率均达100%。

比如，济源市积极推进许可和登记的便利化改革，加快推进"互联网+"等信息化应用。按照"网上办理审批事项是原则，不上网是例外"的要求，积极推进网上申报、网上审批，让数据多跑路，让群众少跑腿，争取实现"线上办理""零跑腿"，提高办事效率。南阳市市场监管部门也积极推行电子证照，采用信息化手段推送电子证照，实现办事群众"最多跑一次"或"零跑腿"。

黑龙江

餐饮行业是典型的窗口行业，随着文化生活的丰富发展，小型食品业的兴起，既方便了群众生活，也成为食品安全监管的难点、重点领域。2017年，《国务院食品安全办等14部门关于提升餐饮业质量安全水平的意见》明确提出，依法依规加强小餐饮、小饭桌等许可或备案登记管理，实现餐饮业许可管理100%全覆盖。近年来，黑龙江省人大常委会、市场监管部门积极探索食品经营许可改革与小餐饮规范治理的法治保障举措，探索出了符合黑龙江发展实际的经验模式。

一、加强小餐饮规范治理的法治保障

省人大常委会、省市场监管部门等高度重视小餐饮的规范发展，在《黑龙江食品安全条例》（以下简称《条例》）中，明确对食品小经营店（小餐饮、小超市等）实施核准制，规定了取得小经营店核准证的基本条件，积极在食品安全治理领域落实放管服改革和优化营商环境相关实践。通过将"三小"餐饮核准登记、单独设立处罚写入《条例》，用"疏堵结合"的办法，让符合条件的"草根美食"有了身份。

为高质量修改好《条例》，省人大法制委、常委会法工委协调组织有关专委会和政府部门，先后赴河南、广西、广东及哈尔滨、牡丹江等地开展调研，考察了解餐饮企业、食品小经营等不同餐饮业态的经营情况，组织召开专家论证会和立法风险评估会，召开政府部门和人大代表、消费者、新型食品生产经营业主等不同市场主体参加的座谈会近20个，面对面听取意见和建议。就草案中的重点问题，赴全国人大常委会法工委、司法部、国家市场监督管理总局、农业农村部汇报沟通，求得指导，确保条例草案按计划提请常委会审议并通过。

《条例》规定，生产加工小作坊、食品小经营应当办理工商登记并取得核准证后，方可从事食品生产经营活动。《条例》推行的小餐饮核准制管理，充分体现了科学监管、科学立法的精准管理思维，对于促进黑龙江餐饮行业的规范发展发挥了积极作用，是地方立法部门、食品安全监管部门善用法治思维和法治方式加强食品安全精准治理的典型体现。推行小餐饮核准制管理，一方面，对那些食品安全、卫生符合基本要求，但是达不到许可条件的餐饮商户提供了规范发展的渠道；另一方面，也通过推行小餐饮核准制管理，把广大小餐饮商户"依法纳入了监管视野"，促进了整个餐饮行业食品安全治理的有效提升。比如，有了核准制管理，对餐饮商户的底数可以摸得更清楚。拿了食品经营许可证的商户、拿了核准制的商户，都可以被有效地监管、被有效地纳入食品安全治理体系。小餐饮核准制的推出，是制度创新、行业发展、食品安全共赢的基础。餐饮行业因为核准制的推出，获得了良性规范发展的制度保障。

如何加强网络餐饮服务食品安全的保障，成为《条例》实施以来又一备受关注的焦点。《条例》在要求具有实体经营门店的基础上，进一步规定网销食品应当与线下餐饮同质同标。同时，明确小餐饮依法取得核准证后，可同时从事线上线下经营活动，为网络餐饮服务的规范发展奠定了良好基础。《条例》指出，提供入网餐饮服务的，应当具有实体经营门店，且取得许可证或核准证。这与党中央、国务院关于深化改革加强食品安全工作的意见要求"入网餐饮商户必须具有实体店经营资格"相一致，有利于餐饮服务线上线下协同治理。比如，哈尔滨等地积极按照省局改革要求，推进小经营店核准证政策宣传普及和落实落地。

二、加强食品经营许可优化改革

黑龙江省政府工作报告中明确提出要努力把"办事不求人"落到实处，黑龙江省市场监管局印发了《"办照办证不求人"工作方案》，率先在全系统推行"办照办证不求人"，主要涉及"一照""九证"。

"一照"即营业执照，"九证"涉及食品生产、食品销售、餐饮服务、特殊食品等九类许可证。为方便市场主体和人民群众办事，黑龙江市场监管部门组织编制了"一照""九证"办事指南，将省、市、县三级市场监管部门"一照""九证"涉及的所有办照办证事项，依照法律、法规、规章规定和本部门"三定"规定确定的职责，逐项编制办事指南，列明事项名称、依据、实施层级、办理条件、申请材料、办结时限、办理流程等内容，并在监管部门的网站等渠道公开，积极推进办照办证不求人。

广西

《食品安全法》明确将食品生产加工小作坊、小摊贩、小餐饮等食品小微业态的管理和立法事权归于地方。广西积极推进食品安全立法，着力加强食品安全治理的法治化水平。

一、坚持科学立法、民主立法，积极回应群众关切

广西壮族自治区人大常委会、自治区司法厅和市场监管部门，坚持民生优先的立法理念。在立法规划项目选择上，围绕人民群众关注的热点、难点问题开展立法，及时解决民生领域存在的突出问题。根据前期调查，发现自治区在食品生产经营的市场准入、食用农产品、网络食品、餐饮服务等方面的监管还存在一些短板，群众关注高。为回应人民群众对食品安全的关切和期盼，把《广西壮族自治区食品安全条例》列入 2018年立法计划，市场监管部门积极参与立法草案的起草、论证，司法厅加强合法性审查和论证，经自治区人民政府审议通过后提请自治区人大审议。

为了让人民群众有序参与地方立法，充分表达利益诉求提供畅通渠道，进一步提高立法质量，增强立法透明度，自治区人大法制委、常委会法工委专题召开自治区食品安全条例（草案）立法听证会，听取各界对条例（草案）的意见建议。确保了食品安全地方立法的科学性、民主性和可操作性。

二、推行小食杂店事中事后监管，加强小餐饮登记管理

（一）小食杂店经营者只需取得营业执照，即可从事经营活动

《广西壮族自治区食品安全条例》自 2019 年 6 月 1 日起生效实施，并积极探索针对食品小微业态的创新管理。针对有固

定经营场所、经营规模小，从事食品、食用农产品零售的副食品店、小卖部、便利店等小食杂店经营者，实行事中事后监管制度，小食杂店依法取得营业执照后即可从事食品经营活动。

广西市场监管局印发《广西壮族自治区小食杂店认定标准及登记管理办法（试行）》，进一步明确细化对小食杂店的认定标准：小食杂店经营范围为零售预包装食品、散装食品和食用农产品，只要依法取得营业执照，即可从事食品经营活动，不要求办理食品经营许可证。市场监管部门对小食杂店实行事中事后监管制度，小食杂店营业执照登记实行"一址一照"原则，核准登记为个体工商户，并在其名称中标注"小食杂店"字样。在申请小食杂店营业执照时，应当按照个体工商户登记注册规定提交相关材料，同时须提供保证食品安全的承诺书。

这一改革创新的法治治理举措，与2019年9月发布的《国务院关于加强和规范事中事后监管的指导意见》的精神和要求不谋而合，国务院指出要持续深化"放管服"改革，把更多行政资源从事前审批转到加强事中事后监管上来，创新监管方式，加快构建权责明确、公平公正、公开透明、简约高效的事中事后监管体系，推进事中事后监管法治化、制度化、规范化。广西食品安全地方立法的在食品经营领域的先行先试，是很好的实践探索。

（二）进一步加强小餐饮登记管理，依法促进餐饮行业规范发展

食品安全科学监管和治理对餐饮行业的规范发展至关重要。推进包括小餐饮在内的食品小微业态规范有序发展，是提升整体餐饮行业高质量发展水平的重要工作内容之一。《广西食品小作坊小餐饮和食品摊贩管理条例》明确了小餐饮实施登记管理的具体制度。《广西壮族自治区食品安全条例》进一步明确将"食品生产经营许可证件"作为食品生产经营许可和登记的统称。同时，明确规定，从事线下经营的，应当依法

在生产经营场所的显著位置公示食品生产经营许可证件，从事网络经营的，应在网络食品交易第三方平台主页面醒目位置持续公示营业执照、食品生产经营许可证件等信息。

《广西壮族自治区食品安全条例》的制定和生效实施，是顺应"放管服"改革大势的典型体现，符合党中央国务院关于深化改革加强食品安全工作意见，关于入网餐饮服务提供者应当具备实体店经营资格的具体要求，也有利于广西地区餐饮服务食品安全的线上线下协同治理，以及餐饮行业的平稳良性发展。根据广西统计部门的数据，2019 年前三季度广西经济运行总体平稳，按消费类型分，餐饮收入同比增长 8.2%。

广东

一、找准堵点，精准施策解决经营许可办证难题

2018 年 4 月起，发展改革委联合国务院办公厅政府信息办与政务公开办公室、新华社、中国政府网、人社部、市场监管总局、住建部 7 部门，启动第五季"群众办事堵点疏解行动"，聚焦就业创业领域，向社会征集群众办事遇到的堵点问题，并推动地方限时解决。针对"申请办理食品经营许可证新办需提交营业执照、法人登记证、法定代表人身份证，这些证件不都是政府部门颁发的吗？"堵点问题，广东按照行动相关要求，制定食品经营许可业务优化调整方案，对应改造完善信息系统，努力实现办事"三少一快"（少填、少报、少跑、快办）。

2018 年 6 月 28 日，广东省食品药品监督管理局印发《广东省食品药品监督管理局办公室关于食品经营许可不再由申办人提交身份证明复印件的通知》，要求各地监管部门从 7 月 2 日起，凡办理食品经营许可业务的，一律不得再要求申请人提供身份证复印件；8 月 1 日，印发《食品经营许可办事指南》明确从即日起，办理食品经营许可业务不用提交营业执照或法人登记证。同时，制定系统优化调整改造方案，确保了解决食品经营许可业务堵点问题工作顺利推进。

办理食品经营许可全部免交营业执照或法人登记证等主体资格证明、法定代表人的身份证明两项材料；涉及许可证变更、延续、注销的情形也免除《食品经营许可证正副本》提交。食品经营许可事项可在 10 个工作日内办结，部分事项情形缩减至 3 个工作日，相比优化前的 20 个工作日提速达到 85%。

二、优化食品经营许可实施细化要求

通过制定《食品经营许可的实施细则（试行）》，结合地区实际，优化食品经营许可管理工作，对主体业态、食品经营项目，根据风险高低对食品经营许可申请进行分类审查。许可审查中，进一步细化为五类，将小餐饮也单独作为一个审查种类，以更符合业态实际情况：食品销售经营者（不含销售连锁企业总部），餐馆、单位食堂，集体用餐配送单位、中央厨房、糕点店、饮品店、小餐饮，食品销售连锁企业总部、餐饮服务连锁企业总部、餐饮管理企业。

同时，市场监管局在实施食品经营许可审批过程，对食品安全风险较低的食品经营业态，试点推行"申请人承诺制"制度，申请人书面承诺符合许可条件并依法承担相应法律责任的，可以当场或者当天发放许可证。如需要现场核查类事项，可后续监管部门在规定的时限内完成监督检查工作。此办法简化和优化了许可流程，加强事中事后核查与监管，促进经营者落实食品安全主体责任。

以深圳为例，目前深圳总人口超过了 2300 万，虽然面临"人少事多要求高"的工作局面，但是深圳作为改革试验田，通过改革创新实现了很好的监管效能与行业发展的共赢。2016年就开始探索大小食品经营户"放管服"的承诺制，当年针对小于 50 平方米的商户，通过告知承诺制，一年增加了 9 万家餐饮。2018 年进一步放开了大型连锁的告知承诺制，2019年大型连锁超过 20 家以上的都可以实行告知承诺制。到 2019年为止，深圳获证微小餐饮占了所有餐饮数量的 80%，有 14

万家。"放管服"改革措施很好地规范了行业发展，提升了食品安全。

再如，2017 年 3 月，江门市食品药品监管局经市委同意并报省食品药品监管局备案，开始在食品销售和小餐饮环节首次实行申请人承诺制。江门成为广东首个开展食品经营环节"申请人承诺制"的地级市。当时，只有食品经营许可事项适用于承诺制，其中，餐饮经营者面积限定在 50 平方米以下。2018 年 5 月 1 日，该局又将申请人承诺制扩大至食品生产、药械行业。餐饮经营者面积限定从 50 平方米以下提高到 100 平方米以下。一线监管人员反馈，在基层接触到的很多都是小微食品经营者。针对小微业态数量庞大，无证经营较多的现状，实施改革试点后，其流程简、时间短的优点激发了大批小微食品经营者的办证热情，无证小微食品经营者被纳入监管范围，降低了食品安全风险，也便于后续监管，有利于为市民创造更放心的消费环境。

据统计，从 2017 年 3 月至 2019 年 9 月，江门市共发放各类食品药品经营许可证 59968 张，通过许可承诺制程序发放经营许可证 27796 张，占许可总数的 46%。申请人承诺制的实施有效增加了食品药品生产经营者的持证率，促进了市场规范运行。继续扩大改革试点范围，将进一步拓展改革受惠面，激发企业群众创业热情。同时，抽查结果符合承诺要求的占抽查总数的 94%。后续检查中暂未发现申请人虚假承诺的情况，改革试点总体风险可控。

2019 年以来，承诺制改革进一步扩大。承诺符合许可条件后方开展相关食品经营，并自愿依法承担相应法律责任的，可当场或者当天发放审批决定。符合条件的，当场发放《行政许可决定书》，当场或 3 个工作日内颁发许可证。

深圳、江门为代表的经营许可改革对申请人而言，简化了流程，减少了材料，缩短了时间；对监管而言，将许可前现场核查改为许可后跟踪检查，提高了监管效率，将有限资源放在事中事后监管；对公众而言，食品安全不但有经营者书面承诺，更有事中事后监管的双重保障，消费更安全放心，实现多方共赢。此外，配套制定了信用记录和诚信分类管理、奖励、信息通报与共享等制度，守信激励、失信惩戒机制逐步形成。

三、多措并举规范小餐饮发展，推行小餐饮许可告知承诺制和备案管理

（一）小餐饮等业态许可优先适用告知承诺制

《食品经营许可的实施细则（试行）》规定，在食品销售经营者、饮品店、糕点店、小餐饮等食品经营许可审批过程中优先推行"申请人承诺制"制度。申请人按照《小餐饮经营条件清单》和《"申请人承诺制"责任自查清单》，自行对照是否符合条件。如果条件基本符合《小餐饮经营条件清单》要求，并且愿意遵守"承诺制"责任规定的，签署《申请人承诺书》，书面承诺符合登记条件并依法承担相应的法律责任，许可机关可当场或当天发证。经营者即可以开展经营活动。审批后，食品药品监管部门在三个月内，可以结合日常监督检查，组织相关现场核查工作。如在现场检查或经投诉举报核实，发现情况虚假，食品药品监管部门依法撤销行政许可，申请人承担由于主观造假行为所造成的后果和相应的法律责任，并接受事先承诺的处罚。

《小餐饮经营条件清单》是根据小餐饮许可准入的相关条件制定的，选择使用"申请人承诺制"的申请人必须逐一对照是否符合条件，如果经营条件基本符合，则可以申请。《"申请人承诺制"责任自查清单》列举了小餐饮食品安全主体责任和对许可申请材料真实性负责的义务等，并列明了相关法律法规依据和违规所带来的后果。"申请人承诺制"制度大大缩短了审批时限，优化了审批流程，提升了行政效率，落实了经营者食品安全主体责任。该制度的推行，也有利于广东省食品药品监管部门集中有限的人力、物力，强化事中事后监管。

以禅城区为例，该区古新路有小餐饮店 35 家，相当一部分固定店铺小餐饮存在无证经营的现象。本着便民、利民的原则，监管部门按照"申请人承诺制"的规定，在古新路现场办公、当场发证，务求让提交申请的小餐饮店获证经营，接受监管，当场颁发《食品经营许可证》23 张。

（二）试点 50 平方米以下小餐饮审批改备案

与此同时，2018 年，广东省食品药品监督管理局印发《关于 50 平方米（含 50 平方米）以下小餐饮审批改备案试点工作规定》，积极推进 50 平方米以下的小餐饮审批改备案。方案指出，复制推广上海改革试点成熟经验，在广东自贸试验区和复制推广"证照分离"改革试点具体做法的区域实施小餐饮准入审批改备案制度。

方案明确了申请小餐饮备案卡的餐饮商户的具体条件、经营要求，设定了更加符合小餐饮经营实际的经营规范标准，同时积极推进小餐饮备案信息的数据化，方案规定备案信息生成当天由备案系统自动将备案信息推送至省局公众外网，用于公示和查询。经备案的小餐饮是食品安全第一责任人，应当依法从事食品经营活动，自觉遵守食品安全管理制度，对其经营的食品安全负责，不得加工经营法律法规禁止生产经营的食品。

县级以上食品监管部门同时要加强对小餐饮经营户的摸排和指导，有针对性地宣传食品经营和备案等法律法规政策，使小餐饮经营者熟悉政策，按要求办理备案，依法依规经营，并积极提前介入，协助其设计和优化餐饮加工布局流程，降低食品安全风险。加大对小餐饮事中事后的监管力度，落实日常监督检查，依法取缔未经许可和备案的餐饮经营活动，依法及时纠正和查处小餐饮违法行为，切实保障餐饮服务场所食品安全。

四、改革探索更多的食品安全治理模式

（一）深圳的餐饮违法行为记分制模式

深圳探索的餐饮违法行为记分制得到很多方面的关注。首先是记分制探索，有明确的法律依据，依据《深圳经济特区食品安全监督条例》第 52 条，记分制管理办法是落实该条例要求的配套。发布之后，这个办法被列为深圳市首批重大决策事项之一，主要借鉴中国香港地区和新加坡模式，以及国内机动车驾驶记分模式，是国内食品安全监管领域的创新事项，整个筹备过程经历 6 年，经过广征各方意见，形成了改革创新的先行先试。主要特点是，一年违法行为记分达到 25 分就会查封违法经营场所，适用所有经过许可的餐饮单位，执法人员结合能抓拍就可以记分，整个检查表分为四大类，每一类法律对不同主体的要求是有差异的。希望借助地方立法和政策探索，推动整个餐饮行业乃至食品行业能够自律学习，自律落实主体责任。

（二）强化线上线下培训教育新模式

2017 年，深圳食品安全监管部门通过和"食安快线"签订合作协议，探索在线培训新模式。让全深圳食品从业人员免费学，所有课程创新设计。目前，在线培训平台注册人数 35 万人，累计考核人数 289 万人次，在线考试合格可以立即获得电子培训合格证明，在深圳各地食品安全监管部门都认可。这改变了以往需要线下去培训、考试，给企业带来的负担。

深圳的培训课程着眼于接地气，务实管用。考虑到法律的要求是很专业的，如何变得更接地气，让一个小学文化或者没上过学的从业人员能听懂，把知识变通为非常实用通俗易懂的语言？为此，深圳整个餐饮培训课程体系的设计，不是笼统设置培训大课，所有课程根据餐饮环节的岗位特点分为 15 个操作岗位，比如粗加工、烹调等，实现了按岗培训，更有针对性。每个课程大概 8 分钟，课程与多媒体融合。通过科学合理的设置，所有培训知识符合法律法规监管的要求，同时避免了以往大课过于不切实际的情况。同时，加强财政投入保障，每年投入培训费用 2000 多万元。这些创新举措是深圳市食品安全监管部门，善用互联网思维，促进线下餐饮行业规范发展的生动体现。

北京

一、优化经营许可，压缩审批时限

为进一步提高行政许可审批效率，优化营商环境，北京市食品监管部门采取多种措施优化现有食品行政许可审批流程、压缩审批时间。在简政放权的同时，坚持标准不降低，要求不减少，加强事中事后监管，整治和清理违法违规企业，净化市场环境，牢牢守住食品安全这一底线。一是进一步明确对仅经营预包装食品的申请人，可以不进行现场核查，以减少现场核查工作量。二是优化审批流程，由5个审批流程优化为3个审批流程。三是提高专业咨询服务能力。抽调专门人员增强咨询服务力量，将申请人遇到的问题有效解决在申请前的咨询阶段。四是充实现场核查人员力量。依据实际情况充分整合执法人员资源，各区局组建专门现场核查人员队伍，优先保证许可现场核查所需的人力资源。五是严格行政许可程序。将不符合法定要求的申请材料挡在受理之外。六是加强许可系统建设。改造现有许可系统，逐步增加网上咨询、网上受理功能，争取实现咨询、受理网上预约功能，优先受理网上预约事项。

二、监管深度整合，多项证照变更"一窗受理"

通州、昌平市场监管局率先启动行政许可整合事项审批工作，构建许可大审批体系。按照统一、高效、便利原则，将原工商、食药、质监行政许可事项深度整合，通过精简流程、合并环节、整合材料，实现了市场监管行政许可事项"一窗受理""一次提交""一套材料""一口审批""一卷一档"。

以昌平为例，以前申请项目涉及餐饮或食品类范围的，需要先到原工商注册窗口提交相关材料，取得营业执照后再到原食品药品监管大厅提交材料，涉及实质审查的，需要联系属地原食药所，最终取得《食品经营许可证》，不仅要重复递交材料，往返跑路，甚至一些事项会出现给办照不给办证的局面。行政审批整合后，昌平市场监管局对现有的105项行政许可事项办理流程、办理时限、审查方式、审查资格等内容进行整理、分类。依托原工商 6 个登记注册分中心，将原有三部门的分散受理统一整合，并实现 6 个登记分中心通办整合后事项。申请人可就近选择 6 个登记注册分中心中任一个办理，只需提交一次材料，就能实现证照同步领取。

通州区市场监管局则按照"先易后难、分批实施"的原则，将食品、药品、医疗器械等 90 余项审批事项分为 3 个批次、6 个月时限进行整合。2019 年 9 月 1 日前完成了第一批事项整合，首期压缩了 15 个申请环节，精简了 4 类重复提交或由内部信息共享即可获得的材料，办理时限也由原先的 5 个工作日压缩为现在的 4 个工作日。

山西

按照党中央、国务院深化"放管服"改革、转变政府职能的决策部署，结合省委、省政府优化营商环境、深化"互联网+政务服务"等改革要求，2018 年以来，山西通过加强食品安全立法规范，深化证照分离改革等方式，持续推进食品安全治理工作。

一、制定三小条例，规范食品小微业态

2018 年 5 月 1 日，《山西省食品小作坊小经营店小摊点管理条例》（以下简称《条例》）正式实施。《条例》从规范小作坊、小经营店和小摊点，提升食品小微业态食品安全治理质效着眼，落实科学治理原则。

一是实行备案登记，通过"宽进"解决准入难题。《条例》规定：食品小作坊实行许可证管理，食品小经营店实行备案证管理，食品小摊点实行备案卡管理，由县级食品安全监管部门核发。其中食品小作坊许可证 10 个工作日办结，食品小经营店实行备案证和食品小摊点实行备案卡要当场办结。

二是实行规范引导，突出"便民"。根据"三小"生产经营特点，通过统筹规划、建设、改造适宜"三小"经营者生产经营的集中场所、街区（市场）等各种方式，完善基础设施及配套设施。同时，采取措施，鼓励和支持其经营地方特色食品和传统食品，改进生产经营条件和工艺技术，创建品牌。

三是实行依法监管，体现"严管"。《条例》对"三小"食品生产经营者违反《食品安全法》《条例》应负法律责任进行了规定。区分违法行为的性质、后果等不同情况，分类定责，实现精准监管。

四是实行各方参与，彰显"共治"。专门设立"管理与服务"一章，对政府、监管部门、食品安全监督员、市场开办者/举办者、媒体等的管理与服务要求，都做了明确规定。

二、深化证照分离改革，优化食品经营许可

通过改革审批方式和加强综合监管，规范、优化许可证的设置和办理，使许可和审批不再成为企业主体资格行使的障碍，有利于深化商事制度改革，降低制度性交易成本。按照《山西省人民政府关于全面推开"证照分离"改革工作的通知》要求，"证照分离"就是要在全省范围内对纳入改革范围的涉企（含个体工商户、农民专业合作社）行政审批事项按照四种方式实施改革。

"证照分离"改革适用于各种类型的市场主体，包括企业、个体工商户和农民专业合作社。这次改革，国务院选择了审批频次较高、社会关注度较高的106项审批事项，其中"小餐饮、小食杂、食品小作坊的经营许可"在山西拆分为2项实施，小餐饮、小食杂按照备案方式改革，食品小作坊按照优化准入服务方式改革。通过改革审批方式和加强综合监管，进一步完善市场准入，使市场主体办证更加快速、便捷、高效。

与此同时，试点运行食品经营许可告知承诺制等各种优化许可改革的措施。比如晋中市在榆次区对食品经营（流通环节）试点运行承诺制，同时推进实行"两证合一"改革，对《食品经营许可证》和《山西省酒类批发许可证》实行二证合一，将《食品经营许可证》经营项目栏增加酒类批发内容。太原市万柏林区市场监管局从2019年9月也开始在食品经营许可审批中推出评审承诺制。在经过充分考察及评估后，合格企业将被列入"评审承诺制"企业名单，名单内的连锁企业新开食品经营的直营门店时，从提交资料到领取《食品经营许可证》，最快仅需十几分钟。

三、加强事中事后监管

坚持放开准入和严格监管相结合，确保事中事后监管跟得上、接得住。为进一步强化各部门监管责任，推动 23 个省直部门对 106 个行政许可事项分别制定了相应的事中事后监管办法，确保监管的无缝衔接、不留死角。

落实"谁审批、谁监管，谁主管、谁监管"的原则。在"证照分离"改革过程中，审批部门、行业主管部门不但要对审批后的市场主体在经营过程当中的持续状态承担监管责任，也要对取消行政审批、审批改备案以及实行告知承诺方式后的市场主体的经营行为实施监管，防止监管的"真空"和"自由落体"。

坚持合规监管。原来是通过审批方式进行监管，现在把一部分审批取消了，把一部分审批改为备案，一部分审批改为告知承诺，这种情况下把更多的精力放到合规监管上来，通过"双随机一公开"抽查、指导行业协会自律、信用评价等事中事后监管的方式，督促指导企业严格执行行业规范、守法守规经营。

天津

天津市市场监管部门认真贯彻落实中央"放管服"审批制度改革和市委、市政府"双万双服"促发展工作部署，积极营造良好营商环境，服务辖区经济社会又好又快发展。聚焦"四个最严"，创新经营环节食品安全监管方式和监管手段，不断推进科学监管智慧监管。

一、深化许可审批制度改革，服务企业服务发展

（一）深化食品经营许可改革，优化营商环境

2019 年 7 月，天津市人大常委会公布了《天津市优化营商环境条例》，自9月1日起施行。该条例要求各区人民政府、市政府有关部门优化营商环境，提高政务服务水平，激发市场活力，推进经济社会高质量发展。指出优化营商环境，坚持改革创新、依法依规、公开公正、廉洁高效、诚实守信、权责一致原则。积极探索"一照多证""一址多证""一证多库"。与营业执照"一照多址"政策衔接（同一行政辖区内经营者有多个经营场所的，可备案登记。对取得备案登记的经营场所，视为取得营业执照），食品经营许可实现"一照多证"。与营业执照"一址多照"政策衔接，按照食品经营"一地一证"的原则，对楼宇经济贸易类食品经营者的经营场所进行物理分割，以实现食品经营许可"一址多证"。通过外设仓库地址备案登记，电子商务经营者食品经营许可实现"一证多库"。

（二）实施"信用承诺审批"，激发市场活力

2018年5月4日，天津市市场监管委印发了《天津市食品销售经营许可信用承诺审批实施办法》，对申请仅销售预包装食品的申请人实行"免于现场核查"，对申请材料存在瑕疵的申请人实行"容缺受理"，对食品销售连锁企业直营店新办食品经营许可实行"先证后核"等审批政策，以信用承诺为核心，以自愿申请为原则，进一步简化了审批流程，提高了审批效率，将原来法定审批时限的20个工作日减少到5个工作日，办理时限压缩了75%，为符合条件的食品经营者提供了更加便捷的市场准入快速通道。

（三）开展"团体化审批"，服务企业发展

打破食品连锁企业食品经营许可"一户一办"审批模式，组织相关区局集中现场办公，实施团体化审批。一次性受理所有门店申请材料，5个工作日内完成审批，为企业减少了人力、物力、财力损耗，让企业少跑路、得实惠。先后为好利来102家门店、Seven-Eleven 129家门店、苏宁小店18家门店、瑞澄大药房75家门店、全时77家门店、便利蜂141家门店、华润 138 家门店开展食品经营许可团体化审批服务。

（四）应对新业态挑战，解决准入问题

面对"生鲜直通车进社区""无人自动便利店"等新兴业态，秉持包容审慎监管的理念，参照自动售货设备许可模式，对放置点位进行备案，全市一证通行。为企业排忧解难，帮扶新业态企业发展。对"互联网+移动厨房"，各区市场监管局可参照食品摊贩管理模式，实施备案管理。

（五）立足小餐饮特点，破解许可难题

一是食品现场制售经营者食品制售场所面积在 6 平方米以上，且食品制作设备设施和环境卫生条件能够保证制作食品安全的，可以准予许可。二是餐饮单位（含食品现场制售）申请制作非冷荤类食品，只要具备专刀、专板、专用容器，且在制作时不与生食类食品接触，确保制作食品安全的，可以核准非冷荤类食品制售项目。三是餐饮单位（含食品现场制售）申请制作冷荤类食品，只要具备冷食类食品制作专柜设备设施的，确保冷荤类食品在冷食类食品制作专柜内制售，可以核准冷荤类食品制售项目。

二、以风险分级为手段，实现科学监管、智慧监管

食品经营环节共有各类经营主体 196769 户，其中食品经营者 146800 户〔食品销售经营者 86478 户、餐饮服务经营者 52641 户、单位食堂 7681 户、食品摊贩 41641 户、食用农产品经营者 8328（食用农产品销售者 7912 户、集中交易市场 405 个、食用农产品储存服务提供者 11 户）〕。全市现有各类市场主体 120 万户，食品经营主体数占全市各类市场主体总数的近六分之一。全市各区基层直接从事经营环节食品安全监管的执法人员只有 500 余人。人均监管食品经营环节主体数 394 户，其中，人均监管餐饮单位 203 户。针对经营环节食品安全主体业态杂、数量多、监管力量薄弱，运用现代信息技术开展食品安全风险分级管理，通过科学监管、智慧监管，提高食品安全监管工作效能和水平。

（一）实现五个"全"

一是主体类别全包括。将食品（食用农产品）销售经营者、餐饮服务提供者、集中交易市场开办者等经营主体也纳入风险分级管理的范畴，并分别设置相应的评价项目和表格，实现了监管主体类别无空白。

二是经营业态全覆盖。即涵盖了商场超市、便利店、食杂店、饭馆、单位食堂、中央厨房、集中用餐配送、网络经营、食品摊贩、食用农产品销售者、集中交易市场开办单位等各种食品经营业态。

三是评价项目全要素。在动态风险项目的设置中，全面考虑食品（食用农产品）经营过程中存在的所有风险隐患点，如主体资格、经营条件、经营过程控制、管理制度建立及运行、食品安全内在质量问题等因素设置相应的评价项目，实现了法律法规规定的主体责任无漏项。

四是等级评定全网络。创建食品安全日常监管（巡更）系统，将经营环节食品安全风险分级管理纳入综合监管系统，网络一体化评定风险等级，实现风险分级管理信息化。

五是结果运用全流程。风险分级管理是日常监督检查的制度基础，外化为日常监督检查的频次、重点等，将动态风险评定与日常监督检查合二为一，进行日常监督检查就是进行动态风险评定，避免了重复无效劳动，实现了风险分级与日常监督检查的有机衔接。

（二）达到三个"化"

一是监管模式科学化。通过科学评定食品（食用农产品）经营者主体食品安全风险等级，合理分配监管资源，实施不同强度的监督管理，强化监管针对性和有效性，提升了监管效能。

二是日常检查规范化。解决了应巡未巡、应查未查等老大难问题，检查内容模板化，检查过程标准化。查什么、怎么查、查几次都有了基本遵循，设定了"巡更"功能，监管干部不到现场，检查的数据就无法上传，解决了水流沙滩不到头的问题。按风险等级实施分类监管，改变了过去一个季度检查一次"一刀切"的监管模式，虽然巡查的数量减少了，但监管的质量提升了，有效解决了监管力量与监管任务不匹配的问题。

三是工作完成效能化。系统自动风险分级，自动派发检查任务，自动发现问题红灯预警，极大减少工作量，不只是检查数量的降低，整个监管过程的内部工作量也是几何量级降低。对市级层面来讲，不用麻烦地制定检查的制式表格，不用反复地发通知部署催办，不用辛辛苦苦地汇总基层上报数据；对基层来说，上级机关转变了工作作风方式，不再没完没了地纸质留痕，不再要求反复填报数据。

第二部分　践行包容审慎监管，探索轻微违法行为免罚制度

据美国《财富》杂志的调研，美国中小企业平均寿命不到7年，中国中小企业的平均寿命仅2.5年。而中小企业又是我国就业的主渠道，优化营商环境，不仅要解决好市场准入问题，更需要解决好市场准入之后的生存问题，创造良好的法治营商环境。《中华人民共和国行政处罚法》规定，当事人违法行为轻微并及时纠正，没有造成危害后果的，不予行政处罚。但在一线行政执法过程中，由于问责制度，常出现"不敢不罚"或"不敢少罚"的问题。为落实党中央、国务院优化营商环境，鼓励支持民营经济发展的要求，各地陆续开展行政违法行为"轻微免罚"或"首违免罚"的实践探索。该举措有助于减轻企业负担，激发市场活力，体现了教育与处罚相结合、包容审慎监管的理念，是贯彻落实《中华人民共和国行政处罚法》的具体体现。

各地积极探索免罚清单，确立了精细化的行政执法裁量基准，有效地降低了企业的制度性成本，凸显了市场经济是法治

经济的核心特点，更是落实"放管服"改革要求，优化营商环境的具体体现，企业反响热烈，其积极意义在于以下几个方面。

第一，免罚清单是"规则先行"的法治治理理念和方式的具体体现。规则先行，是通过系统梳理现行法律法规中涉及的轻微违法行为的具体情形，以清单的形式，明白宣示，界定了行政执法中的具体操作细节，统一了免罚的具体执法标准，最终达到公平执法，促进适法统一的目的。比如，上海市司法局、市场监督管理局、应急管理局联合出台的《市场轻微违法违规经营行为免罚清单》，就是在对近20部单行法规相关规定进行提炼，更加精细地划分违法行为的基础上形成的。

第二，免罚清单体现了"包容审慎"的监管理念。党中央、国务院反复强调包容审慎监管理念。正如有评论指出，包容审慎监管，表面看，是先看一看、先放一放、先让市场多跑一跑，但这并非权宜之策。从长远看，它是一种基础性理念，这种理念意味着相信市场、鼓励创新，同时更加重视加强事中事后监管。"免罚清单"，对免罚行为的列入坚持科学界定、审慎列入的理念，综合考量违法行为的性质、是否及时改正、有无造成严重后果等，对那些确实符合轻微违法行为的情形，方可免予处罚。

第三，免罚清单有利于"精准执法"。精准执法、精准治理，意味着要针对不同的情况设定更加精细化的执法标准、治理标准。对于那些危害不大甚至没有造成危害的违法行为，依法给予免予处罚的处理，正是这种治理理念的具体体现。它更加关注行为人是否存在主观过错等问题，有利于将有限的执法资源用于更加重要的市场领域监管和治理问题上。

湖北

2019年3月12日，湖北省市场监管局决定建立完善首次轻微违法经营行为容错机制，并根据相关法律法规条文编制了《首次轻微违法经营行为免罚清单》。要求各地在行政执法时坚持处罚与教育相结合的原则，以纠正违法行为、督促守法经营为目的，对清单中列举的违法行为，凡规定有责令改正等行政措施的，应当运用责令改正等行政措施；属于首次轻微违法、具有可罚可不罚自由裁量情形的，应当尽可能采取对当事人损害最小的方式实现法律目的，不予处罚，实现行政执法的法律效果和社会效果相统一。

免罚清单针对食品领域，主要是"食品、食品添加剂的标签、说明书存在瑕疵但不影响食品安全且不会对消费者造成误导的违法行为"。《食品安全法》第 125 条规定，生产经营的食品、食品添加剂的标签、说明书存在瑕疵但不影响食品安全且不会对消费者造成误导的，由县级以上人民政府食品药品监督管理部门责令改正；拒不改正的，处二千元以下罚款。

上海

2019 年 3 月 18 日，上海市司法局等三部门联合出台《市场轻微违法违规经营行为免罚清单》（以下简称《免罚清单》），市场主体发生符合规定情形的 34 项轻微违法违规经营行为将免予行政处罚。第一类是根据《中华人民共和国行政处罚法》第二十七条第二款的规定，不予行政处罚的事项，即由于违法行为轻微并及时纠正，没有造成危害后果，而不予行政处罚的事项，共计有 26 项。第二类是根据专门领域的法律法规规章的有关规定，可以不予行政处罚的事项，共 8 项。

《免罚清单》规定，对于不予行政处罚的，除责令改正外，执法部门还要及时开展教育工作，通过批评教育、指导约谈等措施，促进经营者依法合规开展经营活动，提升行政相对人奉法守规意识，避免日后此类违法行为再次发生，真正实现法律效果和社会效果相统一。

《免罚清单》涉及食品安全领域的免罚事项共 4 项：违反《食品安全法》第 41 条，生产的食品相关产品的标识缺少对相关法规及标准的符合性声明，或者声明内容不完整的；违反《上海市食品安全条例》第 31 条第 1 款，食品生产经营者未按规定培训本单位相关从业人员，首次被发现，且未发生食品安全事故的；违反《上海市食品安全条例》第 32 条第 2 款，食品生产经营者未按规定执行食品生产经营场所卫生规范制度，首次被发现，且未发生食品安全事故的；违反《上海市食品安全条例》第 32 条第 2 款，食品生产经营者从业人员未保持着装清洁，首次被发现，且未发生食品安全事故的。对上述 4 类食品安全领域的免罚事项明确要求仅首次作出违法行为、及时改正，且未造成后果，方可不予处罚。

浙江

浙江在轻微违法行为免罚方面，既有地市先行试点，也有省级整体谋划。2019 年 3 月，浦江县市场监管局出台《改进涉企执法方式若干规定》，明确实施"首违不罚"制度。经营者首次违法行为满足相应条件，且该违法行为没有造成明显危害后果或社会不良影响，积极主动改正或消除违法状态的，市场监管局对其违法行为将不予行政处罚。涉及：①小餐饮店、小食杂店等未按规定取得登记证的；②小餐饮店、小食杂店从事网络经营，但未在登记证上载明"网络经营"字样的；③小餐饮店、小食杂店等从业人员未按规定取得入网经营，未按规定在登记证中载明的；④电子商务经营者（不含平台）未在首页显著位置公示证照信息等。

同月，温州市市场监管局制定《涉企依法不予行政处罚的轻微行政违法行为目录清单》（以下简称《清单》）指出，为优化营商环境，提升市场监管部门服务企业、服务公众、服务基层、服务发展的能力，对列入《清单》的轻微违法行为，准确把握执法的尺度，坚持教育与惩戒相结合的原则，既要遵循法律的精神、实现法律的目的，又要做到宽严相济、刚柔并施、法理相融，更好地保护企业的合法权益。并综合采用行政指导的方式，予以政策辅导、行政建议、警示告诫、规劝提醒、走访约谈、说服教育、示范帮助。《清单》涉及食品生产经营、网络食品交易等各类轻微免罚情形四十多项，包括食品经营者未按规定在经营场所的显著位置悬挂或者摆放食品经营许可证、网络食品交易第三方平台提供者和通过自建网站交易的食品生产经营者未履行相应备案义务、网络食品交易第三方平台提供者未建立入网食品生产经营者档案、记录入网食品生产经营者相关信息、入网食品生产经营者未按要求进行信息公示、食品经营者未按规定要求销售食品等情形。

2019 年 6 月 5 日，浙江省市场监管局、司法厅公开征求《关于在市场监管领域推行轻微违法违规经营行为告知承诺制的通知（征求意见稿）》相关意见，指出在全省市场监管领域推行轻微违法违规经营行为告知承诺制是进一步优化营商法治环境，全力打造营商环境最优省、执法监管最有效省的一项具体行动；是回应企业关切、解决基层执法热点难点的切实举措；是创新监管方式，转变执法理念的有益探索；也是促进严格规范公正文明执法，避免和减少执法风险、化解执法监管与当事人之间的矛盾，促进执法环境改善的有效路径。

实施轻微违法违规经营行为告知承诺制，就是对市场主体首次、轻微且没有造成明显危害后果的违法行为建立容错机制，给予当事人改正机会。告知承诺制应同时具备以下条件：违法违规行为情节轻微，没有造成明显危害后果或不良社会影响的；具备整改条件的；属于首次违法，且当事人没有明知故犯的故意；属于《清单》所列情形。

《清单》规定了涉网络食品交易轻微违法违规后，通过告知承诺及时纠正后免予立案查处的情形：未履行备案义务；不具备数据备份、故障恢复等技术条件，不能保障网络食品交易数据和资料的可靠性与安全性的；未按要求建立入网审查登记等制度的；未建档记录入网商户相关信息的；未记录、保存食品交易信息的；未设置专门机构或人员进行检查的；入网商户未按要求进行信息公示的。

安徽芜湖

为进一步创优"四最"营商环境，激发市场主体新活力，芜湖市市场监管局主动对标长三角先进地区，在全省率先出台轻微违法违规经营行为免罚清单，首批梳理了不予处罚的50项轻微违法行为，推进实施包容审慎监管，通过"有温度的执法"，为各类企业特别是中小企业、新业态、创新型企业在发展初期提供更加宽容的制度环境，助推全市经济高质量发展。

监管部门指出，执法实践中大部分轻微违法行为的主体都是中小企业和创新型企业，大都设立时间不长，合规意识和能力较弱，初次违法很多都是无心之失，一旦被罚，难免会对企业未来经营发展带来负面影响，甚至会给企业造成致命性打击。对于轻微违法行为，不少一线行政执法人员却"不会"也"不敢"给予免罚，在缺乏明确的制度依据的情况下，执法人员在具体案件中既面临着"怎样的情形才构成违法行为轻微"的困惑，又有着"不予处罚"被认定为"行政不作为"的担忧。因此，出台轻微违法违规经营免罚清单，将依法依规可免罚的违法违规行为具体化、标准化，为市场主体特别是中小企业、新业态、创新型企业提供了改错、纠错的机会，也为执法人员提供了明确的执法工作指引，提升了执法效能。

免罚清单列入了市场主体关注的50项轻微违法违规行为，涵盖广告监管、证照监管、食品安全监管等多个领域。食品安全领域，免罚清单充分体现审慎原则，对涉及的3项免罚事项明确要求仅首次作出该违法行为、及时改正，而且未造成后果，方可不予处罚。包括违反《食品安全法》第71条的食品、食品添加剂的标签、说明书瑕疵问题；违反《食品经营许可管理办法》第27条第2款或者第36条第1款规定，食品经营者外设仓库地址发生变化，未按规定报告，或者食品经营者终止食品经营，食品经营许可被撤回、撤销或者食品经营许可证被吊销，未按规定申请办理注销手续，责令改正后及时改正的。

免罚制度的探索，坚持预防为先，教育与处罚相结合，对于依据清单不予行政处罚的，除责令改正外，还要及时开展行政指导工作，通过批评教育、指导约谈等措施，促进经营者依法合规开展经营活动，提升行政相对人奉法守规意识，避免日后此类违法行为再次发生，真正实现法律效果和社会效果相统一。

辽宁沈阳

2018 年 4 月，沈阳市和平区根据《中华人民共和国行政处罚法》"第五条实施行政处罚，纠正违法行为，应当坚持处罚与教育相结合，教育公民、法人或者其他组织自觉守法。"和"第二十七条当事人有下列情形之一的，应当依法从轻或者减轻行政处罚：……违法行为轻微并及时纠正，没有造成危害后果的，不予行政处罚。"发布《轻微违法经营行为免罚清单（60 条）》，对 60 项轻微违法经营行为首次违法的，免予行政处罚或罚款，全面优化经济发展环境。

以食品安全领域为例，食品经营者进货时未查验许可证和相关证明文件的、未制定食品安全事故处置方案的、餐饮服务设施设备未定期维护校验的、未定期对食品安全状况检查评价的、未建立食品安全管理制度的等多项轻微违法行为，分别采取不予处罚或免予罚款的处理措施。《免罚清单》的推行，为和平区内各类市场主体解缚松绑，消除了市场主体在经营过程中因对相关法律法规不熟悉而受到处罚的不安心理，增强了创新创业者勇闯市场的信心。

江苏

江苏各地也积极推进市场监管领域轻微违法行为免罚制度的探索。2019 年 5 月，南通市市场监管局和市司法局联合出台的《南通市市场监管领域轻微违法行为免罚清单》正式发布。符合规定情形的 29 项轻微违法违规经营行为将免予行政处罚。这也是全省市场监管领域的首份免罚清单。

中小企业和创新型企业多数设立时间不长，合规意识和能力较弱，稍有不慎就可能造成轻微违法。市场监管局法规处相关负责人表示，如简单地"一罚了之"，企业可能会被列入失信名单，难免对未来经营发展带来负面影响。新出台的《免罚清单》，由市场监管局、司法局充分调研，广泛听取意见，结合市场监管实际梳理制定，相当于给了企业一次"赦免权"，突出监管执法对新产业、新业态和新模式的包容审慎和柔性监管，进一步优化营商环境，向市场释放温情与善意。

根据《免罚清单》，市场主体发生符合规定情形的 29 项轻微违法违规经营行为将免予行政处罚，涉及证照监管、食品监管等多个领域。具体情形又分为两类：第一类是违反法律、法规禁止性规定，违法行为轻微，及时纠正，没有造成危害后果的，共计 14 项；第二类是从执法实际出发，根据市场监管法律、法规或规章，确认为轻微违法行为的，共计 15 项目。《免罚清单》在规范市场监管自由裁量、提升市场监管执法效能的同时，将为企业减轻许多实际负担。

2019 年 9 月，苏州工业园区市场监管局印发《关于在市场监管领域实施轻微违法行为免予处罚的意见》指出，监管部门在开展执法检查过程中，坚持依法监管、审慎处罚的基本原则，初步认定市场主体存在轻微违法行为，经批评教育、告诫引导或责令整改，市场主体及时主动纠正且没有造成明显危害后果的，市场监管部门不再予以处罚。免予处罚应同时符合以下条件：违法违规行为情节轻微，没有造成明显危害后果或不良社会影响；具备整改条件并及时进行纠正；属于首次违法，且市场主体无主观故意；属于《免罚清单》所列情形。

江苏省市场监管局也针对《江苏省市场监管领域轻微违法行为免予处罚规定（草案）》公开征求意见，草案规定了12 类 43 项轻微违法行为免予行政处罚，包括：未取得营业执照；未依法办理有关变更登记；未将营业执照置于住所或者营业场所醒目位置；未在经营场所和网站、网店首页的显著位置标明真实名称和标记；食品、食品添加剂的标签、说明书存在瑕疵等。

山东青岛

2019 年 7 月，青岛市市场监管局制定《青岛市市场轻微违法经营行为不予处罚清单》（以下简称《清单》），涉及 8 个行政执法领域的 30 项市场轻微违法经营行为，是以市场化思路、法治化办法提升市场监管水平的一次积极尝试。

《清单》涉及食品安全违法行为 6 条，主要是针对食品和食品添加剂的标签不规范标注，但不影响食品安全且不会对消费者造成误导，经责令改正后及时改正的情形：出现错别字或使用繁体字；标签符号使用不规范；标签营养成分表标示单位不规范或数值符合检验标准，但数值标注时修约间隔不规范；食品和食品添加剂标签"净含量"等强制标示内容的文字、符号、数字高度小于规定；外文字号大于相应中文；生产日期、保质期标注为"见包装某部位"，但未能准确标注在某部位的；预包装食品标签标注食品名称不规范，食品名称未选择国家标准、行业标准、地方标准规定的食品名称；国产食品标签上外文翻译不准确等情形。

据了解，对未列入《清单》，但其违法行为的性质、情节、危害程度等符合《中华人民共和国行政处罚法》等规定的不予处罚情形的其他轻微违法经营行为，也不予行政处罚。对不予处罚的市场轻微违法经营主体，综合运用批评教育、政策提醒告诫、约谈、责令改正等多种手段，确保市场经营主体及时纠正违法行为，合法合规经营。《清单》实施 2 个多月以来，全市共对 40 余案件免罚，"有温度的执法"让中小微企业颇为受益。

湖南常德

为支持民营经济持续健康发展，进一步激发市场主体活力，2019 年 11 月 7 日，常德出台了首批市场监管领域免罚清单，51 项轻微违法违规生产经营行为将免予处罚。

部分中小企业在起步阶段，因合规意识和能力较弱，容易出现轻微违法违规生产经营行为。这种"无心之失"一旦被罚，势必会给企业未来发展造成负面影响。为建立完善轻微违法违规生产经营行为容错机制，常德市市场监督管理局、市司法局根据相关法律法规条文，编制了《轻微违法违规生产经营行为免罚清单（第一批）》（以下简称《免罚清单（第一批）》），旨在用清晰列明的免罚事项提高执法效能，让企业真正感受到"有温度的执法"。

此次列入免罚清单的市场轻微违法违规行为，涵盖市场监管部门职责范围内商标、广告、登记注册、产品质量和食品安全等领域，共计51项。其中，对于食品安全等与人民群众生命、健康、财产安全密切相关的行为，《免罚清单（第一批）》充分体现审慎原则，对涉及食品安全领域的4项免罚事项明确要求仅首次作出该违法行为、及时改正，而且未造成后果，方可不予处罚。

首批食品轻微免罚清单包括：食品经营者履行了规定的进货查验等义务，有充分证据证明其不知道所采购的食品不符合食品安全标准，并能如实说明其进货来源的，可以免予罚款，但应当依法没收其不符合食品安全标准的食品；造成人身、财产或者其他损害的，依法承担赔偿责任；违反《食品安全法》第71条，食品、食品添加剂的标签、说明书存在瑕疵但不影响食品安全且不会对消费者造成误导，责令改正后及时改正的等情形。

结　语

推进国家治理体系和治理能力现代化，是党的十九届四中全会作出的重要决策部署。人民日益增长的美好生活需要对加强食品安全工作提出了新的更高要求。强化法治治理理念，健全法规标准体系，深化放管服改革，推进食品安全领域国家治理体系和治理能力现代化，推动食品产业高质量发展，实施健康中国战略和乡村振兴战略，为解决食品安全问题提供了前所未有的历史机遇。

党的十九届四中全会公报明确指出，加强和改进食品药品安全监管制度，保障人民身体健康和生命安全。加强和改进食品安全监管制度，是《食品安全法》科学监管、社会共治等基本原则的重要体现。以食品经营领域放管服改革为代表的食品安全科学监管、精准治理，为推进食品安全治理和食品产业高质量发展奠定了重要基础。各地食品安全监管部门以放管服改革为契机，在优化经营许可、探索申请人告知承诺制、推进登记备案管理、探索轻微违法行为免罚等具体改革实践中的示范、引领，构成了食品安全治理最佳实践的典型样本。

2019 年是食品安全治理法规政策密集出台的关键之年，《中共中央 国务院关于深化改革加强食品安全工作的意见》《地方党政领导干部食品安全责任制规定》《食品安全法实施条例》《优化营商环境条例》等法规政策的颁布实施，为食品安全领域的"中国之治"指明了方向。

保障食品安全和促进食品产业健康发展，是食品安全治理工作的重要意义。许多国家和地区，也高度重视安全与发展的良性互动，相互促进。比如，欧盟指出，食品不仅对公众健康至关重要，对长期经济发展和竞争力也同样至关重要，安全食品"欧洲制造"的品牌形象，为欧盟的食品生产经营者在国际市场占据强有力的竞争地位提供了条件。这些都反映出欧盟对食品企业行业健康发展的重视。市场监管总局以及各地食品安全监管部门在食品经营领域放管服改革、优化营商环境的良好实践，也同样为中国食品产业高质量发展、食品安全治理质效水平持续提升，奠定了良法之治的坚实基础。

参考文献

［1］安永康．以资源为基础的多元合作．浙江学刊，2019（5）．

［2］陈佳贵．管理学百年与中国管理学创新发展．经济管理，2013（3）．

［3］陈瑞华．企业合规制度的三个维度——比较法视野下的分析．比较法研究，2019（3）．

［4］陈瑞华．行政执法和解与企业合规．中国律师．2020（6）．

［5］樊行健，肖光红．关于企业内部控制本质与概念的理论反思．会计研究，2014（2）．

［6］胡锦光．"罚款到人"制度解读．［2019-11-12］．http：//www. moj. gov. cn/news/content/2019 - 11/12/zcjd _ 3235512. html.

［7］胡颖廉．新时代国家食品安全战略：起点、构想和任务．学术研究，2019（4）．

［8］高秦伟．私人主体与食品安全标准制定．中外法学，2012（4）．

［9］高秦伟．食品安全监管应当实现"聪明监管"．群言，2014（9）．

［10］高秦伟．社会自我规制与行政法的任务．中国法学，2015（5）．

［11］华杰鸿，孙娟娟．建立中国食品安全治理体系．欧盟卢森堡出版办公室，2018.

［12］【荷】贝尔恩德·范·德·穆伦．食品"私法"．孙娟娟等，译．知识产权出版社，2019.

[13] 金健．德国食品安全领域的元规制．中德法学论坛，第 15 辑，2018.

[14] 刘金瑞．网络食品交易第三方平台责任的理解适用与制度创新．东方法学，2017（4）.

[15] 刘鹏．中国食品安全监管——基于体制变迁与绩效评估的实证研究．公共管理学报，2010（2）.

[16] 刘鹏，王力．回应性监管理论及其本土适用性分析．中国人民大学学报，2016（1）.

[17] 卢超．社会性规制中约谈工具的双重角色．法制与社会发展，2019（1）.

[18] 卢超．事中事后监管改革：理论、实践与反思．中外法学，2020（3）.

[19] 罗英．论我国食品安全自我规制的规范构造与功能优化．当代法学，2018（1）.

[20] 马英娟，刘振宇．食品安全社会共治中的责任分野．行政法学研究，2016（6）.

[21] 马英娟．监管的概念：国际视野与中国话语．浙江学刊，2018（4）.

[22] 毛伟旗．强化问题导向 坚持改革创新 进一步完善食品安全法律制度．[2019-11-12]．http://www.moj.gov.cn/news/content/2019-11/12/zcjd_3235514.html.

[23]【美】弗兰克·扬纳斯．食品安全文化．岳进等译．上海交通大学出版社，2014.

[24]【美】弗兰克·扬纳斯．食品安全等于行为——30条提高员工合规性的实证技巧．孙娟娟译．知识产权出版社，2019.

[25] 任端平，郗文静，任波．新食品安全法的十大亮点．食品与发酵工业，2015（7）.

[26] 宋华琳．论政府规制中的合作治理．政治与法律，2016（8）.

［27］宋华琳．迈向规制与治理的法律前沿．法治现代化研究，2017（6）．

［28］孙娟娟．食品安全的立法发展：基本需求、安全优先与"同一健康"．人权，2016（5）．

［29］孙娟娟．食品安全比较研究——从美、欧、中的食品安全规制到全球协调，华东理工大学出版社，2017.

［30］孙娟娟．破解《食品安全法》"免责条款"适用中的困境．中国医药报，2018（3）．

［31］孙娟娟．食品安全合规制度的设计与发展．中国医药报，2018（3）．

［32］孙娟娟．网络零售主导下的"食品私法"及其新发展．中国市场监管研究，2019（7）．

［33］孙娟娟．食品生产许可改革的几点建议．中国市场监管研究，2019（10）．

［34］孙娟娟．从规制合规迈向合作规制：以食品安全规制为例．行政法学研究，2020（2）．

［35］谭冰霖．论政府对企业的内部管理型规制．法学家，2019（6）．

［36］涂永前．食品安全的国际规制与法律保障．中国法学，2013（4）．

［37］王旭．中国新《食品安全法》中的自我规制．中共浙江省委党校学报，2016（1）．

［38］徐国冲，霍龙霞．食品安全合作监管的生产逻辑．公共管理学报，2020（17-1）．

［39］徐景波．完善食品安全责任约谈制度的思考．经济研究导刊，2017（11）．

［40］徐景和．建立中国食品安全治理体系．华东理工大学出版社，2017.

［41］杨柄霖．后设监管的中国探索：以落实生产经营单位安全生产主体责任为例．华中师范大学学报（人文社会科学

版），2019（5）．

［42］应飞虎．公共规制中的信息工具．中国社会科学，2010（4）．

［43］张蓉，徐战菊，樊永祥．食品行业协会：在政策法规中的角色和价值．中国食品卫生杂志，2017（2）．

［44］张鹏等．食品行业质量管理模型研究．食品安全质量检测学报，2019（5）．

［45］章志远．迈向公私合作型行政法．法学研究，2019（2）．

［46］赵鹏．风险社会的行政法回应．中国政法大学出版社，2018.

［47］Jia Chenhao, Jukes David. The national food safety control system of China—A systematic review. Food Control, 2013, 32（1）: 236-245.

［48］Balleisen Edward J. The prospects of coregulation in the united states: a historian's view of the early twenty-first century // Balleisen Edward J, Moss David A. Government and Markets: The Prospects for Effective Coregulation in the United States. Cambridge University Press, 2009: 443-481.

［49］Cafaggi Fabbizio, Paola Iamicell. Private regulation and industrial organization: Contractual Governance and the Network Approach // Stefan Grundmann, et. al. Contact Governance. Oxford University Press, 2015: 343-344.

［50］Lepeintyre Jerome, Sun Juanjuan. Building Food Safety Governance in China. Luxembourg Publications Office of the European Union, 2018: 104.

［51］Roberts Michael T, Lin ChingFu. China Food Law Update. The Food and Drug Law Journal, 2016, 12: 238-239.

［52］Roberts Michael T. Food Law in the United States. Cambridge University Press, 2016.

[53] Sylvia R, et al. Principles for building public-private partnerships to benefit food safety, nutrition, and health research. Nutrition Reviews, 2013 (10): 682-691.

后 记

在导师胡锦光教授的指导和中国人民大学食品安全治理协同创新中心的支持下，笔者有了更多机会了解我国有关食品安全法治的实践。此次食品企业合规案例汇编便是这一研究推陈出新的"良好实践"。对于如何看待政府监管和企业管理关联的问题，有关食品安全的立法、执法、守法提供了一个观察窗口，并表明了两者之间的可关联性和制度设计中的相辅相成性。鉴于此，本书在理论和规范分析的基础上，进一步通过企业合规管理案例佐证了政府监管如何规范企业管理和企业管理如何促进政府监管优化。

当案例以良好实践的方式呈现时，其展现了某方面的成功经验。因此，良好实践可以作为学习榜样，并通过分享来便于他人参照或者采纳。而且，对企业而言，针对自身过往总结良好实践的经验不仅是一个便于他人学习的分享，也是一个自我分析、自我改进的过程。例如，如果不及时分析、归纳和总结，那么错误可能会继续，有助于改进的成功经验也可能被遗忘。针对一个具体议题，良好实践可以通过实验性项目来测试其是否可以达到预期目标，然后在不同的场景下反复试用，以证明其应用前景。最后通过更多场景的反复试用，确认其作为良好实践所具有的借鉴性。有的时候，这些实践中可以抽离出一些放之四海而皆准的制度性内容，进而成为制定规则乃至政策的依据。当联合国粮食及农业组织等国际组织借助良好实践这一方式来分享成功经验时，其所要实现的最终目的并不仅仅止于分享，而是希望通过习得他人的成功经验来促成改变，让良好实践中的做法成为普遍选择。

可以说，没有这些食品企业的案例支持，这一面向实务的监管合规研究和经验分享就难以实现。本书的成功编辑和出版，除了感谢美国迈克尔·罗伯茨教授的域外视角贡献，也要特别致谢来自行业协会和食品企业的写作支持，相关作者和相关机构信息列举如下（按姓名首字母排序）。

曹永梅等　旺旺集团

程　缅　　北京便利蜂连锁商业有限公司

楚　东　　中国连锁经营协会

丁　冬等　北京三快在线信息科技有限公司

蒋明善等　可口可乐公司

林玉海等　荷美尔（中国）投资有限公司

李　琴　　蒙牛

李　宇　　中国食品工业协会

刘　涛等　食品伙伴网

刘昱彤等　沃尔玛（中国）投资有限公司

毛伟旗　　北京尚左律师事务所

苗　虹　　阿里本地生活服务公司

苗晓丹等　顶新国际集团 便利餐饮连锁事业 一食二安（上海）技术服务有限公司

彭　虹　　玛氏公司

王　欣　　中国检验检疫科学研究院

谢志新　　嘉吉蛋白中国

熊传武　　安徽质安选食品科技有限公司（IFS 中国负责人）

云战友等　内蒙古伊利实业集团股份有限公司

朱　奕　　三只松鼠股份有限公司

张　琦等　美赞臣

周　鹏等　深圳市深圳标准促进会

孙娟娟

2020 年 10 月